SOIXANTE CENTIMES LE VOLUME

BIBLIOTHÈQUE UTILE

LXXXIX

E. AMIGUES

A TRAVERS LE CIEL

PARIS
ANCIENNE LIBRAIRIE GERMER BAILLIÈRE ET Cie
FÉLIX ALCAN, ÉDITEUR
108, BOULEVARD SAINT-GERMAIN, 108

LIBRAIRIE FÉLIX ALCAN

BIBLIOTHÈQUE UTILE

VOLUMES BROCHÉS A 60 CENT.; CARTONNÉS, 1 FR.

---

1. **Morand.** Introduction à l'étude des sciences physiques.
2. **Cruveilhier.** Hygiène générale.
3. **Corbon.** De l'enseignement professionnel.
4. **L. Pichat.** L'art et les artistes en France.
5. **Buchez.** Les Mérovingiens.
6. **Buchez.** Les Carlovingiens.
7. **F. Morin.** La France au moyen âge.
8. **Bastide.** Luttes religieuses des premiers siècles.
9. **Bastide.** Les guerres de la Réforme.
10. **Pelletan.** Décadence de la monarchie française.
11. **Brothier.** Histoire de la Terre.
12. **Sanson.** Principaux faits de la chimie.
13. **Turck.** Médecine populaire.
14. **Morin.** La loi civile en France.
15. **Zaborowski.** L'homme préhistorique.
16. **Ott.** L'Inde et la Chine.
17. **Catalan.** Notions d'astronomie.
18. **Cristal.** Les délassements du travail.
19. **V. Meunier.** Philosophie zoologique.
20. **J. Jourdan.** La justice criminelle en France.
21. **Ch. Rolland.** Histoire de la maison d'Autriche.
22. **Eug. Despois.** Révolution d'Angleterre.
23. **B. Gastineau.** Les génies de la science et de l'industrie.
24. **Leneveux.** Le budget du foyer. Économie domestique.
25. **L. Combes.** La Grèce ancienne.
26. **F. Lock.** Histoire de la Restauration.
27. **Brothier.** Histoire populaire de la philosophie.
28. **Elie Margollé.** Les phénomènes de la mer.
29. **L. Collas.** Histoire de l'empire ottoman.
30. **F. Zurcher.** Les phénomènes de l'atmosphère.
31. **E. Raymond.** L'Espagne et le Portugal.
32. **Eugène Noël.** Voltaire et Rousseau.
33. **A. Ott.** L'Asie occidentale et l'Egypte.
34. **Ch. Richard.** Origine et fin des mondes.
35. **Enfantin.** La vie éternelle.
36. **Brothier.** Causeries sur la mécanique.
37. **Alfred Doneaud.** Histoire de la marine française.
38. **F. Lock.** Jeanne d'Arc.
39. **Carnot.** Révolution franç. Pér. de création. 1789 à 1792.
40. — — Pér. de défense. 1792 à 1804.
41. **Zurcher et Margollé.** Télescope et microscope.
42. **Blerzy.** Torrents, fleuves et canaux de la France.
43. **Secchi, Wolf et Briot.** Le soleil et les étoiles.
44. **Stanley Jevons.** L'économie politique.
45. **Em. Ferrière.** Le darwinisme.
46. **Leneveux.** Paris municipal.
47. **Boillot.** Les Entretiens de Fontenelle sur la pluralité des mondes.
48. **Zevort (Edg.).** Histoire de Louis-Philippe.
49. **Geikie.** Géographie physique (avec fig.).

A TRAVERS LE CIEL

MÉLANGES ASTRONOMIQUES

PAR

E. AMIGUES

Ancien élève de l'École normale supérieure,
Professeur de mathématiques spéciales au lycée de Marseille.

PARIS

ANCIENNE LIBRAIRIE GERMER BAILLIÈRE ET Cie

FÉLIX ALCAN, ÉDITEUR

108, BOULEVARD SAINT-GERMAIN, 108

A LA MÊME LIBRAIRIE.

Coulommiers. — Imp. P. Brodard et Gallois.

A TRAVERS LE CIEL

PRÉFACE

Il est une belle et puissante machine, qui, placée constamment sous les yeux de tous, nous laisse presque tous indifférents : c'est la machine du monde, je veux dire ce gigantesque appareil dont le soleil est le moteur principal et dont la terre et la lune sont des rouages secondaires. Et pourtant, à propos de cette machine, on peut se poser une question qui intéresse l'avenir de l'espèce humaine : on peut se demander si elle est bien construite, c'est-à-dire si elle est organisée de manière à durer indéfiniment; ou si, se déformant tous les jours, subissant l'outrage irréparable des siècles, elle marche à une ruine inévitable. C'est là un des principaux problèmes de la *Mécanique céleste*. Je me propose d'exposer ici les résultats les plus intéressants de cette science, la plus difficile, mais aussi la plus belle de toutes. J'aurai obtenu tout le succès que je désire, si ce travail inspire aux lecteurs le goût des grandes questions de l'astronomie, en même temps qu'un sentiment de reconnaissance et d'admiration pour les géomètres français, dont les découvertes ont assuré à notre patrie une gloire impérissable.

LIVRE PREMIER

Description de l'univers. Le système solaire et les lois qui le régissent.

CHAPITRE PREMIER

L'UNIVERS

Le système solaire. — S'il nous était donné de pénétrer dans les abîmes de l'espace, nous traverserions d'immenses déserts. Çà et là, un groupe de corps célestes, comme de petites oasis. Ces groupes sont innombrables. Il en est un, parmi eux, qui nous intéresse à bon droit : c'est celui dont nous faisons partie. Outre la Terre, il comprend le Soleil, la Lune, et quelques autres astres remarquables, tels que Vénus, Mars, Jupiter et Saturne. Ce groupe porte le nom de système solaire, parce que le Soleil y joue le rôle principal.

Voici quelques nombres qui donneront une idée des dimensions du système solaire. Tout le monde sait que la circonférence du globe terrestre est de 40 millions de mètres. Entre le Soleil et la Terre on pourrait aligner douze mille globes terrestres. Un train express, faisant 50 kilomètres par heure, ne pourrait aller de la Terre au Soleil qu'en trois siècles et demi. La lumière fait le même trajet en 8 minutes seulement. En huit heures elle traverserait le système solaire dans le sens de sa plus grande dimension.

Distances qui nous séparent des Étoiles. — L'étoile qui se trouve le plus près du système solaire ne nous envoie sa lumière qu'au bout de trois ans. En sorte que, si une étoile venait à s'éteindre ou à voler en éclats, nous ne cesserions de la voir que plusieurs années après.

Puisque la lumière est capable de traverser le système solaire en huit heures, tandis qu'elle ne pourrait parcourir qu'en trois ans la distance qui sépare ce système des étoiles les plus voisines, nous sommes bien autorisés à dire que le système solaire n'est, en effet, qu'une petite oasis dans un immense désert.

Ainsi, ce système solaire, dont l'immensité écrasait notre imagination, nous confond maintenant par sa petitesse. Il a suffi de déplacer le point de vue.

Les Étoiles sont des Soleils. — Transportons-nous par la pensée sur une des étoiles les plus rapprochées et regardons le système solaire. Le Soleil, malgré son éclat et ses dimensions, se trouvera réduit à un simple point lumineux. A l'œil nu, comme à la lunette, il nous offrira l'aspect d'une étoile ordinaire. Peut-être, avec un excellent télescope, pourrions-nous apercevoir Jupiter, qui est un astre quatorze cents fois plus gros que la Terre. Quant à notre globe, nous n'en soupçonnerions pas l'existence.

Nous voilà donc amenés à conclure que les étoiles répandues dans le ciel sont autant de soleils autour desquels circulent des terres et des lunes que l'éloignement dérobe à notre vue. Chaque étoile devient ainsi le centre et le foyer d'un monde, et ces mondes innombrables sont parsemés comme des oasis dans ce désert infini qui s'appelle le Ciel.

Cette conception n'est pas une pure hypothèse. Quelques-uns des soleils répandus dans l'espace sont entourés de terres qui brillent par elles-mêmes, ce qui a permis de constater leur existence au moyen du télescope. Les deux astres paraissent presque confondus. Ils constituent une étoile double. Sur 120 000 étoiles observées jusqu'à ce jour, on connaît environ 3 000 étoiles doubles.

On connaît, en outre, environ 50 étoiles triples, composées d'un Soleil, d'une Terre qui tourne de lui, et d'une Lune qui tourne autour de cette terre. Les trois astres ne peuvent être distingués qu'avec d'excellents télescopes.

Analyse chimique des divers Soleils. — On construit depuis quelques années un instrument d'optique appelé *spectroscope*, qui se compose d'un système de verres taillés en prismes triangulaires et convenablement disposés. Quand on regarde la flamme d'une lampe à travers ce système de verres, on aperçoit une sorte de drapeau formé de sept bandes de couleurs diverses, et auquel on a donné le nom de spectre. Les couleurs du spectre sont très pâles. Vient-on alors à introduire dans la flamme de la lampe une substance chimique, telle que la chaux : immédiatement on voit apparaître sur le fond pâle du spectre des raies très étroites et très brillantes, qui, par leur nombre, par leur couleur, et surtout par la place qu'elles occupent, caractérisent la substance introduite dans la flamme. Met-on dans la flamme plusieurs substances à la fois? On voit se former en même temps sur le spectre les différents systèmes de raies qui caractérisent chacune de ces substances.

Ainsi le spectroscope est éminemment propre à signaler les diverses substances chimiques qui entrent dans la composition d'un corps. Aussi est-il devenu l'instrument d'une nouvelle méthode d'analyse connue sous le nom d'analyse spectrale.

Cette méthode est si féconde, qu'en quelques années à peine elle a conduit à la découverte de plusieurs métaux encore inconnus. Elle a d'ailleurs cet avantage qu'elle permet de trouver la composition chimique de tous les corps lumineux, quelque éloignés qu'ils soient; de sorte que son domaine s'étend jusque dans le ciel.

Mais si on veut bien comprendre comment cette méthode a permis de déterminer la composition chimique des astres, il est nécessaire de faire une remarque. C'est qu'on peut obtenir sur le spectre les raies qui caractérisent une substance, sans introduire cette substance dans la flamme de la lampe. Il suffit que cette flamme soit entourée d'une atmosphère contenant des vapeurs de cette substance. Il est vrai qu'alors toutes les raies perdent leur couleur et deviennent noires; mais leur nombre et leur place suffisent à faire connaître la nature des vapeurs qui entourent la flamme.

Demandons-nous maintenant, avec M. Kirchhoff, ce que c'est que le Soleil. A en juger par la chaleur qu'il nous envoie, cet astre est à une température très élevée. Les matières qu'il renferme sont donc en partie transformées en vapeurs et forment autour du Soleil une atmosphère très complexe. Si donc nous examinons le Soleil au spectroscope, comme nous faisions tout à l'heure la flamme de la lampe, nous verrons dans le spectre un très grand nombre de raies noires, qui nous feront connaître la composition de l'atmosphère solaire, et par suite celle du Soleil tout entier.

C'est ainsi qu'on a reconnu dans le Soleil la présence du cuivre, du plomb, de l'étain, de l'antimoine, de la chaux, en un mot de la plupart des substances chimiques que nous trouvons sur la Terre.

On a aussi examiné au spectroscope un certain nombre d'étoiles; et on a constaté que quelques-unes d'entre elles contiennent des substances qui ne se trouvent pas sur notre globe ou qui du moins sont encore inconnues aux chimistes.

On comprend que la composition chimique de chaque étoile doit régler la nuance de sa lumière. On observe, en effet, que les innombrables soleils plongés dans les profondeurs de l'espace offrent les couleurs les plus variées. L'univers est une immense et splendide illumination.

Ainsi la science a surmonté tous les obstacles, et l'homme, attaché invinciblement à la Terre, a pu néanmoins connaître les éléments qui constituent les corps célestes. La lumière que ces astres nous envoient, a été pour le chimiste un indice suffisant, et chaque rayon lumineux a fait connaître par sa nature, la nature du foyer dont il émane. Quand l'homme a voulu faire l'analyse chimique d'un soleil, il a pris un rayon de sa lumière et il l'a interrogé. Il l'a soumis à l'expérience, il l'a mis pour ainsi dire à la question! Et ce rayon, devenu docile entre ses mains, a révélé les secrets de ces mondes dont un abîme nous sépare.

Comment les Mondes se meurent. — Pendant une longue suite de siècles, la lumière et la chaleur du Soleil ne diminueront pas sensiblement. Mais un jour cette diminution se manifestera d'une manière décisive, et, faute d'aliments, ce foyer qui entretient la vie dans tout le système solaire finira par s'éteindre. Essayons de nous représenter les circonstances de ce grand événement : le Soleil épuisé, les jours sombres, les climats rigoureux; la Terre engourdie toujours plus avare de ses dons; les zones tempérées et jusqu'aux régions équatoriales envahies par les glaces des pôles; enfin, après des siècles, notre globe inanimé, toutes les terres et toutes les lunes devenues comme autant de cadavres, le Soleil éteint, les planètes et leurs satellites à jamais invisibles; partout le froid, la nuit, le silence, la mort.

Cette catastrophe, que l'avenir réserve au système solaire, d'autres systèmes l'ont éprouvée déjà.

Quelquefois une étoile disparaît pour toujours. C'est un soleil qui s'éteint, un monde qui se meurt.

Certaines étoiles diminuent d'éclat. Ce sont des soleils épuisés, des mondes vieillis que gagne le froid de la mort.

Qui nous racontera la fin de ces mondes, la destinée lamentable de leurs habitants? Qui nous dira les angoisses de ces immenses équipages perdus dans l'Océan du ciel? *Le silence éternel de ces espaces infinis m'effraie.*

Des Nébuleuses. — Nous avons vu d'une part que chaque étoile est un soleil dans le voisinage duquel circulent un certain nombre de terres et de lunes; d'autre part, que les étoiles sont parsemées dans le ciel comme des oasis dans un désert. Essayons de parcourir ce désert en tous sens et de compter les étoiles qu'il renferme. Nous en trouverons environ cinquante millions. Après quoi, si nous voulons plonger plus avant dans les abîmes de l'espace, nous nous heurterons de toutes parts à un désert privé d'oasis et incomparablement plus vaste que l'ensemble des régions déjà parcourues.

Les cinquante millions d'étoiles que nous avons comptées forment donc un groupe. Ce groupe est appelé nébuleuse. Cette nébuleuse a la forme d'un disque aplati, tel qu'une pièce de monnaie. Notre Soleil fait partie des étoiles qui occupent la région centrale de ce groupe. A cause de cette forme de la nébuleuse et de la place que nous y occupons, nous voyons dans le ciel une bande le long de laquelle les étoiles sont plus nombreuses. Cette bande est naturellement fort brillante et forme une traînée de lumière. On l'appelle Voie lactée.

Quelles sont les dimensions de cette nébuleuse? Herschell pense que la lumière met plus de dix mille ans à la traverser.

Eh bien! cette nébuleuse n'est elle-même qu'un point imperceptible par rapport à l'immense solitude qui l'enveloppe.

Et maintenant qu'on imagine des nébuleuses de formes diverses répandues dans l'espace et séparées les unes des autres par des vides incomparablement plus grands que leurs dimensions. Et l'on aura ainsi une idée de l'univers visible.

On connaît aujourd'hui 6 000 nébuleuses environ. Elles nous offrent l'apparence de petites taches blanches sur le fond bleu du ciel. Quelques-unes sont si éloignées qu'elles ne nous envoient leur lumière qu'au bout d'un million d'années. On peut néanmoins, avec les bons télescopes, apercevoir distinctement les étoiles qui forment ces nébuleuses.

Les Mondes invisibles. — Au-delà de ces mondes visibles sont ceux que l'éloignement dérobe à notre vue. Qui oserait limiter le nombre des nébuleuses? Qui oserait affirmer qu'elles ne forment point entre elles de nouveaux groupes, et toujours ainsi jusqu'à l'infini?

« Mais, si notre vue s'arrête là, que l'imagination passe outre : elle se lassera plus tôt de concevoir que la nature de fournir. Tout ce monde visible n'est qu'un trait imperceptible dans l'ample sein de la nature. Nulle idée n'en approche. Nous avons beau enfler nos conceptions au delà des espaces imaginables, nous n'enfantons que des atomes au prix de la réalité des choses. C'est une sphère infinie, dont le centre est partout, la circonférence nulle part. »

(Pascal, *édition Havet.*)

CHAPITRE II

LE SYSTÈME SOLAIRE

Le Soleil. — Le Soleil est environ treize cent mille fois plus gros que la Terre. Il est placé au centre du système solaire, comme pour en régler les mouvements. Il tourne sur lui-même et fait un tour complet en vingt-cinq jours environ. Aussi ne nous présente-t-il pas toujours la même face. On s'assure, en effet, avec une lunette convenable que les taches parsemées sur toute la surface du Soleil se cachent et se montrent alternativement avec une régularité parfaite.

La Terre. — Tous les ans la Terre décrit un cercle autour du Soleil. Elle décrit ce cercle dans le sens même où le Soleil tourne, comme si ce dernier astre était le centre d'un tourbillon dans lequel la Terre serait entraînée.

Le cercle que décrit la Terre est immense. La distance qui la sépare du Soleil est telle qu'entre ces deux corps célestes on pourrait aligner douze mille globes comme le nôtre. On s'explique aisément d'après cela comment le Soleil nous paraît si petit, malgré ses dimensions énormes.

Tandis que la Terre décrit son çercle autour du Soleil, elle tourne en même temps sur elle-même. La durée d'un tour complet est d'un jour. A cause de cette rotation, la Terre présente successivement ses diverses parties au Soleil. Voilà pourquoi, en chaque lieu de la Terre, il fait tantôt jour et tantôt nuit, et pourquoi il fait jour en Europe quand il fait nuit en Amérique.

Dans quel sens a lieu la rotation de la Terre? Dans le même sens que celle du Soleil. C'est le sens qu'on est convenu d'appeler direct; et nous pouvons dire d'avance que presque tous les mouvements du Système solaire sont directs.

La Lune. — Après la Terre qui nous porte et le Soleil qni nous éclaire, c'est la Lune qui attire d'abord notre attention. Et pourtant la Lune est un des plus modestes organes du système solaire. Son volume n'est que un cinquantième de celui de la Terre. Si elle paraît à peu près aussi grosse que le Soleil, c'est qu'elle est beaucoup plus près de nous. En effet, entre la Terre et la Lune on ne pourrait aligner que trente terres comme la nôtre.

La Lune accompagne la Terre dans son voyage annuel autour du Soleil. Mais, tout en lui faisant cortège, elle décrit un cercle autour d'elle en 27 jours environ. Ce cercle est décrit dans le sens direct, comme si la rotation de la Terre sur elle-même était due à un petit tourbillon, dans lequel la Lune serait entraînée.

La lune, tout en décrivant son cercle autour de la Terre, tourne en même temps dans le même sens que le Soleil et la Terre, c'est-à-dire dans le sens direct.

Planètes et Satellites — Si le lecteur a bien saisi

ce qui précède, tout le mécanisme du système solaire va lui devenir familier.

Il n'a plus qu'à se figurer sept autres terres, semblables à la nôtre, circulant comme elle autour du Soleil, et tournant sur elles-mêmes comme notre globe. Cela fait en tout huit terres. On les appelle des Planètes. Voici leurs noms, en commençant par celles qui décrivent les cercles les plus petits : Mercure, Vénus, la Terre, Mars, Jupiter, Saturne, Uranus et Neptune.

Ces planètes, sauf les deux dernières, sont visibles à l'œil nu. On les prendrait volontiers pour des étoiles, dont elles diffèrent cependant beaucoup. D'abord, tandis que les étoiles forment des figures invariables, qu'on a appelées des constellations, les planètes se déplacent parmi ces constellations. En second lieu, quand on les regarde avec une lunette, elles paraissent grosses comme la Lune, tandis que les étoiles, même dans les plus fortes lunettes, ne se présentent jamais que comme des points imperceptibles : c'est que les planètes, faisant partie du groupe solaire, sont relativement près de nous, tandis que les étoiles sont à des distances qui défient nos meilleurs instruments. Enfin, tandis que les étoiles brillent par elles-mêmes, comme le Soleil, les planètes n'ont, comme la Lune, qu'un éclat emprunté; elles ne sont visibles que parce qu'elles sont éclairées par le Soleil.

Quelques-unes de ces planètes sont accompagnées dans leur marche par une ou plusieurs lunes. C'est ainsi que la planète Jupiter a quatre lunes circulant autour d'elle, le long de cercles inégaux. Ces lunes portent le nom de satellites. Elles sont toujours beaucoup plus petites que leur planète et très rapprochées d'elle.

Il est bon de remarquer d'une part que les cercles

décrits, soit par les planètes, soit par les satellites, sont à peu près dans un même plan, et d'autre part que les planètes tournent sur elles-mêmes autour d'axes à peu près perpendiculaires aux plans de ces cercles. N'oublions pas enfin que les mouvements sont presque tous directs, soit pour la marche, soit pour la rotation.

Toutes les planètes ne mettent pas le même temps pour accomplir leur voyage circulaire autour du Soleil. Celles qui sont le plus loin de cet astre, c'est-à-dire qui ont à parcourir la plus longue route, sont aussi celles dont le voyage dure le plus. Ce voyage règle les saisons pour les diverses planètes, et par conséquent marque dans chacune la longueur de l'année. Ainsi, l'année des habitants de Mercure n'est que le quart de la nôtre, c'est-à-dire qu'elle dure trois de nos mois. Pour les habitants de Jupiter, l'année est douze fois plus longue que la nôtre. Pour les habitants de Neptune les années sont 165 fois plus longues que pour nous. Ceci, bien entendu, en supposant que ces planètes soient habitées, ce qui paraît assez probable.

Quant à la rotation des planètes sur elles-mêmes, elle dure à peu près vingt-quatre heures pour les unes et dix heures pour les autres. Il y a donc des planètes à jour long, comme la Terre ou Mars, et d'autres dont le jour est environ deux fois plus court, comme Jupiter.

Dimensions du système solaire. — Entre le Soleil et la Terre on peut aligner douze mille globes terrestres. Or, Neptune, qui est la planète la plus éloignée du Soleil, en est environ trente fois plus loin que nous. Un train express, faisant cinquante kilomètres par heure, ne pourrait aller de la Terre au Soleil qu'en trois siècles et demi. La lumière fait le même trajet en huit minutes seulement.

Quand on connaît les distances mutuelles des corps célestes, il est aisé d'avoir leurs volumes. Jupiter est la plus grosse planète du système solaire. Son volume est quatorze cents fois celui de la Terre, et le millième environ de celui du Soleil.

Tableau du système solaire. — En résumé, le Soleil occupe le centre du système solaire. Autour de lui circulent des terres, dont quelques-unes sont accompagnées de lunes, et auxquelles il verse à torrents la chaleur, la lumière et la vie. Ces terres sont, pour ainsi dire, imperceptibles à côté de l'immense globe solaire, et celle qui nous porte est une des plus modestes. Ainsi, loin d'être le centre du monde, la Terre n'est qu'un grain de sable égaré dans un *canton détourné de la nature*. Mais ce grain de sable a servi de base pour mesurer les cieux.

Si nous étions placés sur le Soleil, le mouvement des diverses terres et des diverses lunes nous paraîtrait fort simple. Mais, comme nous ne sommes pas au centre du mécanisme, et que la Terre entraîne nos observatoires dans son double mouvement, la marche des planètes, en dépit de sa simplicité, nous offre d'étranges apparences. Les anciens, en essayant de les expliquer, ont été conduits aux conceptions les plus bizarres. Mais, en 1543, Copernic renversa d'une main hardie l'inextricable système de Ptolémée, fit jaillir des rêveries philosophiques de Pythagore une hypothèse vraiment scientifique, réduisit la Terre à tourner autour de son axe, la lança sur son orbite avec une vitesse effrayante et plaça le Soleil immobile au milieu des planètes en mouvement.

De la force qui retient la Lune dans son orbite. — Supposons qu'on fasse tourner un fil à plomb comme une fronde. Si on venait à rompre le cordon, le plomb serait lancé au loin. Qu'est-ce donc qui retient ce plomb, et le force à tourner en cercle?

C'est la traction du cordon, une force qui attire le plomb vers la main, c'est-à-dire vers le centre du cercle.

La même question va se présenter à nous sous une autre forme. Pourquoi la Lune décrit-elle un cercle autour de la Terre? Pourquoi est-elle constamment retenue dans son orbite? C'est qu'elle est sollicitée par une force dirigée vers la Terre. Ici, il est vrai, il n'y a plus de cordon. Mais, quand un morceau de fer se précipite vers l'aimant, il n'y en a pas davantage.

L'attraction de la Lune par la Terre n'est pas un fait isolé. Quand on laisse aller un corps, il tombe. Pourquoi? C'est qu'il est attiré par la Terre. Or, qu'est-ce que la Lune? C'est un corps comme ceux que nous voyons tous les jours, à cela près qu'il est plus gros et plus loin de nous. Il n'en reste pas moins soumis à la loi commune, c'est-à-dire qu'il est attiré vers la Terre. Cette attraction n'est autre que la force dont la fonction est de retenir la Lune dans son orbite.

Des forces qui règlent les mouvements du système solaire. — Il est clair maintenant que les quatre lunes de Jupiter sont attirées vers Jupiter, et ainsi s'expliquent les mouvements des diverses lunes. Quant à la marche circulaire des diverses terres autour du Soleil, le lecteur a déjà deviné qu'elle est due à des forces qui attirent ces diverses terres vers le Soleil.

Ainsi chacun des astres qui forment le système solaire est attiré vers le centre autour duquel il circule. Voilà une première idée des forces qui règlent les mouvements du système solaire. Mais, si on veut connaître ces forces avec plus de précision, il est indispensable d'en étudier avec soin les effets, c'est-à-dire ces mêmes mouvements.

A ce point de vue, l'œuvre de Copernic était tout à fait incomplète. Après sa mort, il restait à connaître la nature exacte de ces courbes qui ressemblaient à des cercles, la vitesse de chaque planète aux divers points de son orbite, les dépendances de ces divers éléments. Ce fut l'œuvre de *Jean Képler* !

CHAPITRE III

KÉPLER

Jean Képler naquit le 27 décembre 1571, résuma l'harmonie des mondes en trois lois immortelles, auxquelles il a attaché son nom, conacra à la recherche d'une seule de ces lois dix-sept ans d'efforts de calculs et mourut le 15 novembre 1630, laissant à sa veuve vingt-deux écus, un habit et deux chemises.

Le mouvement des planètes. — Le problème que se posa Képler était de déterminer d'une manière précise les mouvements des diverses planètes autour du Soleil. Képler résolut d'abord de s'attaquer à une seule planète et de concentrer sur elle tous ses efforts. C'est ainsi que la planète Mars devint exclusivement le sujet de ses recherches.

Quelle est la courbe décrite par cette planète? Telle est la première question précise que se pose Képler. Pour trouver la réponse, une seule méthode sera praticable. Il faudra faire successivement diverses hypothèses sur la nature de cette courbe, déduire par le calcul certaines conséquences de chaque hypothèse et comparer ces conséquences aux résultats de l'observation. Lorsque cette comparaison signalera un accord satisfaisant, ce sera la marque de la bonne hypothèse. Képler, commençant par les suppositions les plus simples, se demande si Mars décrit un cercle ayant pour centre le centre du Soleil. Il reconnaît, sans peine, que cette hypothèse est en contradiction manifeste avec les observations astronomiques. Le centre du cercle serait-il placé ailleurs qu'au centre du Soleil? Pas davantage. Le centre du cercle serait-il mobile à son tour le long d'un autre cercle? En d'autres termes, la planète Mars décrirait-elle une de ces courbes que les géomètres appellent épicycles? Ici Képler multiplie les essais. Pendant huit ans il se livre à des tentatives infructueuses. Il met à l'épreuve près de vingt systèmes d'épicycles. Il épuise toutes les combinaisons de mouvements circulaires qui se présentent à son imagination. Mais Képler, loin de se décourager, se console avec la pensée qu'il est désormais débarrassé des cercles et des épicycles, et que la recherche qu'il a entreprise se trouve simplifiée d'autant. Tôt ou tard, se dit-il, en procédant par exclusion, les astronomes finiront par trouver la vérité.

Après le cercle, la courbe la plus simple est l'ellipse. C'est une ovale imaginée, dit-on, par Platon, dont les propriétés ont été étudiées par les géomètres grecs. Le milieu de sa plus grande longueur s'appelle centre. De chaque côté du centre sont deux points remarquables appelés foyers.

Képler se met à essayer des ellipses, en supposant d'abord le Soleil placé au centre de cette courbe. Cet essai ne réussit pas. Il a alors l'idée de placer le Soleil à l'un des foyers. Cette tentative est couronnée de succès. La nature de l'orbite était désormais connue!

Il fallait alors étudier la marche de Mars le long

de son orbite. Quelle est la loi qui règle sa vitesse? Cet astre tourne-t-il tous les jours du même angle autour du Soleil? Ou bien décrit-il tous les jours des arcs de courbe de même longueur? Képler se trouve ainsi conduit à examiner une nouvelle série d'hypothèses, et le résultat de cet examen est la découverte de la loi suivante, dite *loi des aires* : la ligne idéale qui joint le Soleil fixe à la planète mobile décrit tous les jours une surface plane de même étendue.

Képler reconnaît sans peine que les deux lois qu'il a trouvées pour la planète Mars s'appliquent à toutes les autres planètes. Dès lors, le mouvement de chaque planète est connu dans tous ses détails, et le calcul permet de régler par avance la marche de tous ces astres.

La conception du Système solaire. — C'est alors que Képler eut une inspiration de génie. Il comprit que le système solaire formait une seule et même machine, que les mouvements des astres qui le composent devaient être solidaires, que, par conséquent, il ne suffisait pas de connaître individuellement la marche de chaque planète, mais qu'il fallait chercher une relation mathématique entre les éléments de deux planètes différentes. L'existence de cette relation n'était après tout que probable. Néanmoins, Képler se livra à sa recherche avec une vigueur que rien ne put abattre

De quelle nature était la relation cherchée? Toujours attentif à saisir les particularités du système solaire, Képler observa que la durée de la révolution semblait liée dans chaque cas à la longueur de l'orbite; que, plus l'orbite était vaste, plus la durée de la révolution était longue, et que lorsqu'il y avait un grand vide entre deux orbites, il y avait aussi une grande différence entre les durées des révolutions. C'était donc entre les durées des révolutions de deux planètes quelconques et les longueurs de leurs orbites qu'il fallait chercher une relation mathématique.

Le problème étant circonscrit, Képler se met à l'œuvre. Il essaie toutes les relations simples entre les durées et les longueurs. Pour donner une idée de ses recherches, nous devons définir deux termes. Nous appellerons carré d'un nombre le produit qu'on obtient en multipliant ce nombre par lui-même; et cube d'un nombre le produit qu'on obtient en multipliant ce nombre par son carré. Képler essaie toutes les relations simples entre les carrés des durées et les longueurs, entre les cubes des durées et les longueurs. Le tout en vain. Dans une nouvelle série d'essais, il compare les multiples des durées et les carrés des longueurs, puis les multiples des carrés des durées et les carrés des longueurs. Tout cela échoue. Il revient à la comparaison déjà faite entre les longueurs et les cubes des durées. Il ne trouve aucune loi simple. Enfin, il essaie si les carrés des durées ne seraient pas proportionnels aux cubes des longueurs. Cet essai aurait dû réussir et livrer à Képler le secret de la nature. Mais, par une étrange fatalité, une erreur numérique se glisse dans le calcul, et le grand philosophe rejette comme fausse une hypothèse qui était l'expression même de la vérité.

Le triomphe de Képler. — L'obstination de Képler triompha pourtant de sa mauvaise fortune. Habitué à refaire plusieurs fois tous ses calculs, il revient quelques mois plus tard sur le même essai. Cette nouvelle tentative est couronnée d'un plein succès et, le 15 mai 1618, il fut donné à Jean Képler de connaître seul le gigantesque mécanisme de l'univers. Sa joie fut si grande qu'il se crut victime d'une illusion. Il recommença ses calculs, s'efforçant de demeurer calme, comprimant l'émotion de son cœur : la loi fut reconnue exacte! Les carrés des durées étaient dans le même rapport que les cubes des longueurs.

Aussi quel cri de triomphe! Le sort en est jeté, dit-il, j'écris mon livre. Qu'on le lise dans le temps présent ou dans la postérité, peu m'importe. Il peut attendre son lecteur!

C'est sans doute un grand spectacle de contempler la vérité scientifique dans son austère beauté. Mais il est un spectacle plus grand encore, c'est de voir un homme de génie abordant avec décision un des principaux problèmes de la nature, analysant l'objet de sa recherche, réduisant chaque question à une forme précise, s'efforçant de pressentir les réponses, multipliant les hypothèses, les classant avec méthode, rejetant les unes après un examen sommaire, soumettant les autres au contrôle d'une science rigoureuse, démêlant enfin la bonne, et déchirant un des voiles qui nous cachent l'univers. Tel est le spectacle que nous offre Jean Képler.

La vie de Képler. — Son œuvre est le fruit de cette indomptable persévérance qui semble propre à la race saxonne.

Ce n'est point seulement avec la nature que la force d'âme de Képler dut se mesurer. Sa vie fut une lutte perpétuelle.

Il débute chez son père, comme garçon de cabaret. Puis il se met à labourer. Reconnu trop frêle pour les rudes travaux des champs, il étudie la théologie protestante. Mais on trouve que son esprit est trop curieux. Ayant le corps trop faible pour être agriculteur, l'esprit trop vigoureux pour être homme d'Église, il devient professeur de mathématiques et astronome. Dure nécessité, à une époque où Galilée, professeur de mathématiques à l'Université de Pise, avait un traitement d'un franc par jour! A la vérité, celui de Képler fut plus élevé. Mais on ne le lui payait pas. C'est dire qu'il connut toutes les horreurs du *combat pour la vie.*

Ce n'est pas tout encore. Une de ses tantes fu brûlée pour crime de sorcellerie. Sa mère failli éprouver le même sort. Le principal grief qu'on articulait contre elle, c'est qu'il avait déjà fallu brûler des sorciers dans sa famille. Képler, averti par sa sœur, arrive par bonheur à temps. Inspiré par l'amour filial, il réussit à attendrir les juges. On arrange une comédie. Il est convenu qu'on effrayera la sorcière en lui montrant les instruments de la torture, qu'on obtiendra l'aveu de son crime, qu'on prendra acte de son repentir, et qu'on lui fera grâce. Mais elle ne se laisse pas intimider, résiste à toutes les menaces et termine par cette déclaration : « Je dirais au milieu des tourments, je suis une sorcière, que ce ne serait pas moins un mensonge. » On voit que la bonne femme avait, elle aussi, du caractère. Néanmoins, les bourreaux accordèrent la grâce.

Catholiques et protestants poursuivirent le grand philosophe avec un égal acharnement. Il ne put se dérober à leur fureur qu'en prenant plusieurs fois la fuite. Il faut bien l'avouer, ce siècle fut peu tendre pour les savants. A peu près à la même époque, le professeur Ramus, découvert au Collège de France par les bandes catholiques de la Saint-Barthélemy, était précipité sur des piques du haut de ses fenêtres, traîné mourant dans les rues de Paris et jeté dans la Seine; Jordano Bruno était brûlé vif pour avoir dit que les étoiles pourraient bien être autant de soleils; et Galilée n'échappait au même sort qu'en humiliant sa science et ses cheveux blancs devant une demi-douzaine de théologiens.

CHAPITRE IV

LES LOIS DE NEWTON

Comme un effet permet de remonter à sa cause, ainsi la connaissance exacte des mouvements des planètes devait conduire à la connaissance des forces qui les produisent. Tout se réduisait donc à un problème de mécanique, c'est-à-dire à une question de calcul. Cette question, qui aujourd'hui n'offre aucune difficulté, était à la mort de Képler à peu près inabordable. Mais les progrès incessants de la science ne tardèrent pas à en préparer la solution; et l'année même où mourait Galilée, naissait Isaac Newton, qui devait arracher aux cieux le secret de leur puissante harmonie.

De la loi des aires, Newton tire cette conséquence que chaque planète est attirée vers le Soleil.

Puis de la nature elliptique de l'orbite et de la place remarquable du Soleil par rapport à cette orbite, il conclut que la force qui attire chaque planète vers le Soleil varie d'intensité, que cette intensité augmente quand la planète se rapproche du Soleil, qu'elle diminue quand la planète s'éloigne du Soleil, qu'enfin cette intensité est en raison inverse du carré de la distance des deux astres, c'est-à-dire que si cette distance devenait sept fois plus grande, l'intensité de la force deviendrait quarante-neuf fois (7 fois 7) plus petite.

Telles sont les deux premières lois de Newton, conséquences nécessaires des deux premières lois de Képler, dont elles ne sont que des déductions mathématiques. Elles font connaître exactement la force qui règle le mouvement de chaque planète.

La troisième loi de Képler, qui permet de *comparer* les mouvements des diverses planètes, devait nécessairement conduire à une relation mathématique permettant de *comparer* les forces qui agissent sur chacun de ces astres. Cette relation n'est autre que la troisième loi de Newton.

Pour saisir le sens de cette loi, il est nécessaire d'acquérir la notion de la *masse*. On dit que deux corps ont la même masse, lorsque, soumis successivement et dans les mêmes conditions à un même système de forces, ils prennent le même mouvement. On dit qu'un corps a une masse dix fois plus grande qu'un autre corps, lorsqu'on peut diviser le premier en dix corps dont chacun ait la même masse que le second.

La troisième loi de Newton consiste à dire que si on rangeait toutes les planètes en cercle autour du Soleil, à la même distance de cet astre, les forces qui les attireraient vers le Soleil seraient proportionnelles à leurs masses. Ainsi, la planète Saturne, dont la masse est 92 fois plus grande que celle de la Terre, serait attirée vers le Soleil par une force 92 fois plus grande que celle qui attirerait notre globe.

On peut énoncer la troisième loi de Newton sous une forme plus saisissante.

Imaginons que l'on range toutes les planètes en cercle autour du Soleil. Considérons en particulier la Terre et Saturne. La masse de Saturne étant 92 fois plus grande que celle de la Terre, la planète Saturne sera attirée vers le Soleil avec 92 fois plus de force que la Terre (troisième loi de Newton). Mais en revanche la planète Saturne sera 92 fois plus lourde à entraîner. De sorte qu'en définitive, la Terre et Saturne se dirigeront vers le Soleil avec la même vitesse. On peut donc énoncer le principe suivant :

Si on rangeait toutes les planètes autour du Soleil à la même distance de cet astre, et si on les abandonnait à elles-mêmes simultanément et sans aucune impulsion, elles se dirigeraient toutes vers le Soleil avec la même vitesse et tomberaient sur lui toutes au même instant.

Ce principe n'est qu'un nouvel énoncé de la troisième loi de Newton, c'est la même vérité exprimée sous une autre forme.

Si on observe les quatre satellites de Jupiter et si on soumet au calcul les résultats des observations, on reconnaît que leurs mouvements sont conformes aux trois lois de Képler. Ainsi, chaque satellite décrit une ellipse presque circulaire dont Jupiter occupe un foyer. Cette ellipse est décrite suivant la loi des aires. Enfin les carrés des durées des révolutions des satellites sont proportionnels aux cubes des longueurs de leurs orbites.

Puisque les lois de Képler s'appliquent aux satellites de Jupiter, il en est de même des lois de Newton, qui en sont des conséquences mathématiques.

Les lois de Képler et de Newton s'appliquent de même aux satellites d'Uranus, et en général à tous les systèmes de satellites.

Nous devons pourtant faire une remarque. C'est que la troisième loi de Képler et la troisième loi de Newton servent à comparer entre eux les satellites d'un même système. Par conséquent, il ne doit pas être fait mention de ces lois pour les planètes qui n'ont qu'un satellite, Neptune, par exemple.

CHAPITRE V

GALILÉE

De la chute des corps. — Dans le chapitre II, nous avons dit que la cause qui fait tomber les corps vers la Terre a beaucoup d'analogie avec celle qui retient la Lune dans son orbite. Si ces forces sont en effet de même nature, les corps placés à notre portée sur la surface de la Terre doivent être attirés comme autant de petits satellites, c'est-à-dire conformément aux lois de Newton.

Que nous disent ces lois?

La première nous affirme que tous les corps doivent être attirés vers le centre de la Terre. C'est, en effet, ce que montre la direction de tous les mouvements en chute libre.

La seconde nous dit que l'attraction exercée par la Terre sur chaque corps est en raison inverse du carré de la distance de ce corps au centre de notre globe. Mais, dans les limites étroites où nous pouvons observer la chute des corps, leur distance au centre de la Terre peut être considérée comme invariable. Il en résulte que l'attraction exercée par la Terre sur un corps qui tombe, peut, sans erreur sensible, être regardée comme constante, et, par conséquent, que le mouvement des corps en chute libre doit être un mouvement uniformément accéléré. Or, l'expérience justifie cette conséquence des lois de Newton. Galilée, devançant les théories newtoniennes, avait déjà constaté ce fait au moyen du plan incliné. Et, depuis Newton, de nombreuses expériences l'ont vérifié.

Enfin, la troisième loi de Newton nous apprend

que les corps terrestres, placés comme ils sont, à la même distance du centre de la Terre, doivent tous prendre le même mouvement quand on les abandonne en chute libre. Ainsi tous les corps, les plus lourds comme les plus légers, doivent tomber avec la même vitesse. A la vérité, cette solution paraît d'abord peu conforme aux résultats de l'observation; chacun sait qu'une plume tombe plus lentement qu'une balle de plomb, mais il ne faut attribuer le retard de la plume qu'à la résistance de l'air, résistance qui a plus de prise sur elle que sur le plomb; dans un tube de verre vide d'air, la balle de plomb et la plume tombent absolument de même. C'est une expérience qu'on ne manque jamais de faire dans les cours élémentaires de physique. Il est donc bien établi par les faits que tous les corps abandonnés en chute libre prennent dans le vide des mouvements identiques. Et par là se trouve confirmée une fois de plus cette hypothèse que la force qui fait tomber les corps est analogue à celle qui force la lune à tourner autour de nous.

Une vérification célèbre. — Supposons qu'on applique à des corps de même masse des forces d'inégale intensité. Plus la force appliquée sera grande, plus le mouvement sera rapide, et plus aussi le nombre de mètres parcouru pendant la première seconde sera considérable. Le double de ce nombre de mètres s'appelle accélération du mouvement; et l'on démontre en mécanique que, lorsqu'on applique à des corps de même masse des forces différentes, les accélérations des mouvements produits sont proportionnelles à ces forces. Ce principe va nous être utile.

Les physiciens ont constaté de plusieurs manières qu'une balle abandonnée dans le vide en chute libre, parcourt 4 mètres 89 centimètres pendant la première seconde. Transportons cette balle à la distance où se trouve la Lune, c'est-à-dire plaçons-là·60 fois plus loin par rapport au centre de notre globe. D'après la deuxième loi de Newton, comme le carré de 60 est 3,600, la Terre attirera la balle 3,600 fois moins que tantôt. Si donc, après avoir transporté la balle à cette place, on vient à l'abandonner à elle-même, elle tombera vers la Terre beaucoup plus lentement que les corps terrestres ordinaires : pour parler avec précision, au lieu de parcourir 4 mètres 89 centimètres pendant la première seconde de chute, elle fera 3,600 fois moins de chemin, soit un millimètre et 36 dixièmes de millimètre.

D'autre part, d'après les dimensions de l'orbite lunaire et la durée de la révolution de la Lune, le mouvement circulaire de notre satellite équivaut à une chute continuelle de cet astre vers la Terre, chute qui est de un millimètre et 36 dixièmes de millimètre par seconde. En d'autres termes, d'après la nature du mouvement de la Lune, si on arrêtait cet astre dans sa course pour l'abandonner à lui-même, il tomberait vers la Terre en parcourant un millimètre et 36 dixièmes de millimètre pendant la première seconde de chute.

Ainsi notre balle et la Lune, placées immobiles à la même distance de la Terre, tomberaient vers elle en prenant le même mouvement. Il y a donc analogie complète entre la force qui fait tomber un corps terrestre et la force qui retient la Lune dans son orbite.

La vérification qui précède est célèbre dans l'histoire de la science.

Essayée une première fois par Newton, elle trompa son attente. C'est que les dimensions de la Terre, et par suite, celles de l'orbite lunaire, étaient mal connues, d'où résultait un nombre faux pour la quantité dont la Lune tomberait sur la Terre pendant la première seconde de chute. Quand Picard eut mesuré un arc de méridien et obtenu les véritables dimensions de la Terre, Newton revint à son idée. Cette fois le succès fut complet. On raconte que l'émotion ne permit pas au grand géomètre de faire ce calcul, pourtant si simple, et qu'il dut recourir à l'obligeance d'un ami. J'ignore si le fait est vrai. Il est en tout cas fort possible.

L'expérience de la tour de Pise. — L'identité de tous les mouvements en chute libre est une de ces vérités qui, ayant contre elles les apparences, ne triomphent qu'à la longue des fausses théories. Aristote ne l'admettait pas. Il croyait que la vitesse acquise par le corps était proportionnelle à son poids.

Lucrèce, au contraire, déclare nettement que tous les corps, quoique de poids inégaux, doivent marcher avec la même vitesse au travers du vide, et que les plus lourds ne pourront jamais tomber sur les plus légers qui sont au-dessous d'eux.

Quelques vers plus haut, Lucrèce explique très clairement qu'il n'en est pas de même dans l'air ou dans l'eau. Là, dit-il, il arrive nécessairement que les corps accélèrent leur chute en proportion de leur poids, par la raison que l'eau et l'air ne peuvent retarder également tous les objets et cèdent plus vite devant les plus lourds.

Ainsi, dans l'antiquité, les deux opinions contraires ont été soutenues tour à tour.

Jetant un regard attristé sur la stérilité intellectuelle du moyen âge, Bacon peint d'un trait ces longs siècles d'ignorance. Il est, dit-il, d'immenses déserts dans le temps comme dans l'espace !

Quand les ténèbres de cette triste époque furent dissipées, quand la Grèce renaissante apparut au monde ébloui, les esprits se tournèrent vers la science avec une ardeur inexprimable. Malheureusement, on suivit d'abord une mauvaise voie; on sait que pendant longtemps toute la philosophie consista à adopter sans examen les opinions d'Aristote et à les soutenir avec autant d'obstination que d'aveuglement.

Cette philosophie ne pouvait être celle de Galilée! Esprit libre et hardi, le philosophe florentin ne tarde pas à secouer le joug du philosophe grec. Réfléchissant à la chute libre des corps, il est conduit à supposer que tous les objets tombent de la même manière. Pour trancher la question, il a recours à l'expérience, résolution bien naturelle, assurément, mais grosse de menaces pour la science officielle. L'expérience confirme pleinement les soupçons de Galilée. Assuré désormais de confondre les disciples d'Aristote, il leur propose une épreuve publique pour décider de la valeur de leur système. Le défi est accepté. C'est la tour penchée de Pise qui servira à faire les essais. Au jour convenu, chacun est à son poste. On prend deux balles, de plomb, afin que la résistance de l'air n'altère pas trop le mouvement de chute. On les examine, on les pèse avec soin. Le poids de l'une est double de celui de l'autre. Les disciples d'Aristote soutiennent que si on laisse tomber les deux balles simultanément du haut de la tour, la plus lourde arrivera en bas en deux fois moins de temps que la plus légère. Galilée, au contraire, affirme que les deux balles toucheront le sol au même instant. Le signal est donné. On laisse aller les deux balles ensemble du haut de la tour. Elles descendent rapidement et frappent la terre en même temps. On recommence l'expérience plusieurs fois : le résultat ne change pas. Le triomphe de Galilée est complet!

De ce jour date une ère nouvelle dans l'histoire de la science. Les serviles disciples d'Aristote, accablés par le témoignage des faits, perdent insensiblement de leur crédit. La philosophie scolastique recule devant la philosophie naturelle. A l'esprit d'autorité se substitue peu à peu l'esprit de la science, c'est-à-dire l'esprit de critique et de libre examen!

CHAPITRE VI

HYPOTHÈSE DE L'ATTRACTION UNIVERSELLE

Principe de la réaction. — Lorsqu'un aimant et un morceau de fer sont en présence, le fer attire l'aimant autant que l'aimant attire le fer : on peut s'en assurer en fixant tantôt l'un, tantôt l'autre de ces deux corps; celui qui demeure libre se met en mouvement vers celui qui ne l'est pas. En général, l'observation nous apprend que, lorsqu'un corps en attire un autre, il est attiré par lui avec la même force. C'est là ce qui constitue le principe de l'*égalité de l'action et de la réaction*. On ne connaît sur terre aucune exception à ce principe. On est donc autorisé à l'étendre aux cieux.

Hypothèse de l'attraction. — D'après les lois de Newton, le Soleil attire la Terre; nous devons en conclure que la Terre attire le Soleil avec une force égale. Ainsi, le Soleil et la Terre sont soumis à des forces égales; mais la Terre est incomparablement plus petite que le Soleil et obéit beaucoup plus facilement à l'attraction qu'elle subit. Et voilà pourquoi c'est la Terre qui tourne autour du Soleil, et non le Soleil autour de la Terre.

Mais sommes-nous bien autorisés à étendre jusqu'aux cieux le principe de la réaction? La Terre attire-t-elle réellement le Soleil? Les lois de Newton nous apprennent que la Terre attire la Lune. Ceci est hors de doute. Pourquoi, dès lors, cette même Terre n'attirerait-elle pas le Soleil? Il serait impossible de faire à cette question une réponse raisonnable. La Terre attire donc le Soleil aussi bien qu'elle attire la Lune; et si ces deux attractions se manifestent par des effets si différents, cela tient à l'importance relative des trois astres; la Terre obéit au Soleil parce qu'elle est plus faible que le Soleil et range la Lune sous ses ordres, parce qu'elle est plus forte que la Lune. On le voit, le principe de l'égalité de l'action et de la réaction constitue pour les astres une sorte d'égalité civile et politique qui n'empêche nullement les plus forts de faire sentir leur influence aux plus faibles.

Nous voilà donc obligés de reconnaître que la Terre attire le soleil autant que le Soleil attire la Terre. Nous savons d'ailleurs, d'après la troisième loi de Newton, que si la masse de la Terre triplait, cette attraction mutuelle triplerait aussi. Nous sommes bien forcés d'admettre, par analogie, que si la masse du Soleil devenait double ou triple, cette attraction mutuelle deviendrait aussi double ou triple.

Une attraction mutuelle s'exerce donc entre le Soleil et la Terre. Cette attraction est proportionnelle à la masse de chacun de ces astres et elle varie avec leur distance, de telle sorte que, lorsque cette distance est multipliée par un nombre, l'attraction est divisée par le carré de ce même nombre.

Rappelons-nous enfin que les dimensions de la Terre et même celles du Soleil peuvent être regardées comme très petites par rapport à la distance qui sépare ces deux astres, c'est-à-dire que la Terre et le Soleil peuvent être considérés comme de simples molécules matérielles. Et dès lors nous voilà conduits à admettre à *titre d'hypothèse* le principe suivant :

Deux molécules quelconques de matière sont attirées l'une vers l'autre : cette attraction mutuelle est proportionnelle à la masse de chaque molécule et varie avec leur distance, de telle sorte que, lorsque cette distance est multipliée par un nombre quelconque, l'attraction est divisée par le carré de ce même nombre.

. Telle est l'hypothèse de l'attraction universelle à laquelle Newton fut conduit par l'analogie, et dont il essaya de développer les conséquences dans son immortel ouvrage des *Principes.*

Cette hypothèse paraît tout d'abord absolument contraire à la vérité; en effet, si on place deux petits corps sur une table, on ne les voit point se précipiter l'un contre l'autre. On serait donc tenté de conclure que ces deux corps ne s'attirent pas; mais cette conclusion serait inexacte, et la seule chose que l'on soit en droit d'affirmer, c'est que l'attraction qui s'exerce entre les deux corps n'est point assez grande pour vaincre les frottements que subissent les corps de la part de la table.

Que l'on suspende deux petites boules par des cordons et qu'on les mette en présence, de manière qu'elles soient peu éloignées l'une de l'autre. On ne les verra pas se rapprocher. C'est que le poids de chaque boule force le cordon qui la soutient à demeurer vertical, et que ces poids sont incomparablement plus forts que l'attraction mutuelle des deux boules. Quelque exemple que l'on choisisse, une analyse attentive fera toujours découvrir la cause qui empêche l'attraction mutuelle des corps de se manifester.

La terre ne nous fournit donc aucune objection

immédiate contre l'hypothèse de Newton. Il en est de même des cieux. Là se meuvent les astres du système solaire que nous pouvons, pour le moment, considérer comme des molécules, eu égard aux énormes distances qui les séparent. Les planètes, dont les masses sont plus faibles que la masse du Soleil, obéissent à cet astre, qui règle leur mouvement et les assujettit à tourner autour de lui.

Quant aux satellites de Jupiter, dont la masse est inférieure et à la masse du Soleil et à la masse de Jupiter, ils obéissent au soleil, en accompagnant Jupiter dans son voyage circumsolaire, et ils obéissent à Jupiter en circulant autour de cette planète.

Mécanique céleste. — La mécanique céleste prend pour point de départ l'hypothèse de la gravitation universelle, déduit toutes les conséquences de ce principe au moyen de calculs rigoureux, parvient ainsi à prédire tous les mouvements du système solaire et demande ensuite à l'observation si ce monde, construit par les seules ressources de la géométrie, est bien conforme à celui que nous offrent les cieux. Cette science, ébauchée par l'auteur des *Principes*, faillit arriver d'un seul coup à la perfection grâce aux géomètres français du XVIIIe siècle. Toutes ses prédictions se sont accomplies, en sorte que chacun de ses progrès a été une justification nouvelle de l'hypothèse de Newton. Par là, cette hypothèse a acquis une probabilité voisine de la certitude.

Il est facile de se rendre compte de la supériorité de la mécanique céleste sur l'Astronomie, qui lui a donné naissance. Celle-ci, en observant les cieux, a découvert les lois de Képler, d'où le calcul a déduit les lois de Newton. Or, les lois de Képler et celles de Newton qui en dérivent, ont les avantages et les inconvénients inhérents à tout ce qui relève de l'observation : ce sont des principes solidement établis, mais dont l'énoncé ne représente qu'une ébauche grossière de la vérité. L'Astronomie ne peut donc conduire au vrai absolu, elle n'en donne qu'une traduction par à peu près.

La mécanique céleste, au contraire, part d'une hypothèse, c'est-à-dire d'un principe contestable. Mais ce principe a un tel caractère de simplicité et de précision, qu'il est impossible d'y voir une image grossière de la vérité. Ou ce principe est absolument vrai, ou il est absolument faux. On en décide par ses conséquences, comme on juge d'un arbre par ses fruits.

Le calcul permet de déduire ces conséquences, même les plus lointaines et les plus déliées. Il signale dans les mouvements du système solaire des détails si minutieux, des irrégularités si petites, que l'observation, capable de les vérifier, eût été impuissante à les dévoiler. Eh bien ! toutes ces circonstances que le calcul détermine d'avance, la lunette les confirme, et l'on a vu récemment un calculateur découvrir un monde du fond de son cabinet.

La Géométrie, dit Arago, a eu la hardiesse de disposer de l'avenir. Et les siècles en se déroulant sont venus ratifier ses décisions.

CHAPITRE VII

PROBLÈME DES DEUX CORPS

Problème préliminaire. — Imaginons que l'on mette en présence deux sphères matérielles composées de couches sphériques concentriques et homogènes. Il y aura des attractions mutuelles entre les molécules de la première sphère et les molécules de la seconde. Toutes ces forces ont-elles une résultante? En d'autres termes, peut-on concevoir une force unique idéale, produisant à elle seule le même effet que toutes ces attractions réunies? Oui. Newton, partant de l'hypothèse de l'attraction, a démontré que tout se passe comme si la masse de chaque sphère se trouvait réunie à son centre : c'est-à-dire que les centres des deux sphères sont attirés l'un vers l'autre, comme de simples molécules, dont les masses seraient égales aux masses de ces deux sphères.

Les corps célestes, ainsi que nous le verrons plus tard, peuvent être considérés comme composés de couches sphériques concentriques et homogènes. Nous voilà donc autorisés à supposer que leur masse se trouve réunie à leur centre, c'est-à-dire à regarder leurs dimensions comme nulles. Cette conclusion est d'autant plus rigoureuse que les dimensions des astres sont très faibles par rapport à leurs distances mutuelles.

Un problème théorique. — Supposons qu'il n'y ait dans l'espace que deux corps célestes, et que ces deux corps se trouvent en présence l'un de l'autre sans aucune impulsion. En vertu de l'attraction mutuelle qui tend à rapprocher leurs centres, ces deux corps se précipiteront l'un vers l'autre; et, comme l'attraction mutuelle augmentera rapidement à mesure que la distance diminuera, la vitesse du mouvement, au lieu de croître d'une manière uniforme, comme dans la chute des corps, croîtra avec une extrême rapidité. Enfin, les deux corps finiront par se rencontrer, et le choc les fera voler en éclats. Chacun d'eux aura parcouru une partie de la distance qui les séparait d'abord. La majeure partie aura été parcourue par le corps de moindre masse ; car les chemins décrits par les deux corps, doivent être en raison inverse de leurs masses.

Concevons, par exemple, qu'on ne laisse dans l'espace que la Terre et le Soleil, et qu'on abandonne ces astres à eux-mêmes, privés de toute impulsion, et séparés l'un de l'autre par une distance égale à celle qui les sépare aujourd'hui. La Terre et le Soleil se mettront à marcher l'un vers l'autre, et se rencontreront au bout de 68 jours. Dans ce mouvement, la Terre aura décrit 330 mille fois plus de chemin que le Soleil ; car sa masse est 330 mille fois plus faible.

Si on ne laisse dans l'espace que la Terre et la Lune, privées de toute vitesse initiale, et séparées par leur distance actuelle, ces deux corps marcheront l'un vers l'autre, et se rencontreront en quatre jours et demi environ. La Terre, ayant une masse 75 fois pus forte que son satellite, aura parcouru 75 fois moins de chemin.

Des coniques. — On appelle sections coniques, ou simplement coniques les courbes qu'on obtient quand on coupe un cône par un plan. Imaginées par les platoniciens, étudiées par les philosophes de l'école d'Alexandrie, renouvelées et pour ainsi dire rajeunies par la géométrie cartésienne, et plus récemment par les théories de la géométrie supérieure, elles seront longtemps encore le sujet d'intéressantes recherches. Les coniques ont un grand nombre de propriétés générales : c'est ainsi qu'elles possèdent toutes des points remarquables appelés foyers. Néanmoins, en étudiant ces courbes, on est constamment conduit à les diviser en trois genres.

On trouve d'abord des ovales qu'on appelle des ellipses. A l'intérieur de toute ellipse, sur la ligne de plus grande longueur, se trouvent deux foyers de chaque côté du centre. Dans les ellipses arrondies, ces foyers sont très près du centre, et dans le cercle, qui est la plus simple des ellipses, les foyers sont confondus avec le centre. Dans les ellipses très allongées, les foyers, tout en restant dans l'intérieur de l'ovale, sont tout près de ses extrémités.

Les coniques des deux autres genres s'appellent des paraboles et des hyperboles. Ces courbes ne sont pas fermées et ont des branches illimitées.

Problème des deux corps. — On met en présence deux corps célestes, en donnant à celui de moindre masse une impulsion initiale dans une direction quelconque. Quel sera le mouvement de ces deux astres? Tel est le célèbre problème des deux corps, résolu par Newton. On trouve par un calcul facile que le centre du corps de moindre masse doit décrire une conique ayant pour foyer le centre de l'autre corps, que cette courbe doit être décrite conformément à la loi des aires, qu'enfin si cette courbe est une ellipse, elle doit être décrite indéfiniment par le centre du corps mobile, dont le mouvement se reproduira le même à chaque révolution.

Le genre, la forme et les dimensions de la conique décrite se déduisent par le calcul des données du problème.

Des comètes. — Toutes les planètes connues du temps de Newton, ainsi que leurs satellites, décrivent des ellipses presque circulaires. Dès que ce grand géomètre eut résolu le problème des deux corps, il se demanda s'il n'y avait point dans le système solaire des astres assujettis à décrire des ellipses très allongées ou même des paraboles et des hyperboles, dont le Soleil occuperait un foyer. Il pensa que les comètes pourraient bien offrir cette particularité. On s'expliquait aisément, dans cette hypothèse, comment une comète, visible pendant quelques jours, devenait ensuite invisible, en s'éloignant le long d'un ovale très allongé ou d'une courbe à branches illimitées.

Restait à soumettre cette théorie au contrôle de l'observation. Newton en attendit l'occasion avec impatience. Cette occasion ne tarda pas à se présenter.

En 1680, on vit apparaître une comète très brillante, qui se déplaçait très rapidement par rapport aux étoiles. Newton l'observa avec soin, reconnut qu'elle décrivait une ellipse très allongée dont le soleil occupait un foyer et qu'elle se déplaçait le long de cette orbite en se conformant à la loi des aires. Les éléments de l'orbite furent calculés; et la longueur de cette courbe, grâce à la troisième loi de Képler, permit alors à Newton de trouver la durée de la révolution.

Il reconnut que cette durée était de six cents ans, ce qui l'autorisait à prédire le retour de la comète vers l'année 2280. Ce fut la première prédiction de ce genre.

Ce n'est point seulement par la nature de la courbe décrite que les comètes diffèrent des planètes. Les plans de leurs orbites peuvent en outre avoir toutes les inclinaisons. D'autre part, plusieurs comètes marchent dans le sens rétrograde. Enfin, la différence qui frappe tout d'abord, c'est que beaucoup de comètes offrent une forme bizarre. Le plus souvent, elles ont un noyau central entouré d'une atmosphère brillante, qui forme autour de lui une sorte de chevelure : de là le nom de comète, qui signifie astre chevelu. Enfin, la plupart de ces astres étranges ont une queue placée à l'opposé du Soleil et légèrement recourbée, de manière que son extrémité incline dans la région que quitte la comète.

Si une comète décrit une hyperbole ou une parabole, ou encore une ellipse tellement allongée qu'elle s'étende jusqu'à la région des étoiles, cette comète finit par rencontrer quelque centre puissant d'attraction, et elle quitte notre système solaire pour entrer dans le cortège de quelque autre soleil.

Il n'en est pas de même des comètes, qui décrivent des ellipses allongées, sans doute, mais qui ne s'étendent pas jusqu'à la région des étoiles. Ces comètes décrivent indéfiniment leur ellipse, et à chaque tour qu'elles font, à des intervalles de temps égaux, elles s'approchent du Soleil et de la Terre et deviennent visibles pendant quelques jours. Ce sont des comètes périodiques.

La durée de la période se déduit de la longueur de l'ellipse, par la troisième loi de Képler. Cette durée, qui n'est que de trois ans pour certaines comètes, peut aussi être très grande. La comète de 1844 ne reviendra que dans cent mille ans!

LIVRE II

Le poids des mondes. Les comètes et leurs retours périodiques.

CHAPITRE VIII

NEWTON PÈSE LES MONDES

Remarque de Newton. — Le problème des deux corps est relativement facile. Mais, lorsqu'on considère tous les astres du système solaire et toutes leurs attractions mutuelles, on ne peut déterminer les mouvements qui résultent de ces forces multiples que par des méthodes très délicates et des calculs extrêmement pénibles. Newton, malgré son génie, fut arrêté par les difficultés de cette entreprise. Il reconnut, du moins, que les attractions mutuelles des corps du monde solaire ne permettaient ni au système des planètes ni à aucun système de satellites d'obéir en toute rigueur aux lois de Képler.

Newton fut aussi amené à conclure que toute planète avait une masse beaucoup plus faible que le Soleil. Car cette circonstance explique et peut seule expliquer les résultats de l'observation, savoir que les mouvements des planètes ne s'écartent que faiblement des lois de Képler.

Comme les mouvements des divers systèmes de satellites ne violaient pas trop ouvertement les lois de Képler, Newton conclut aussi que chaque satellite avait une masse beaucoup plus faible que sa planète.

Mais l'auteur des *Principes* ne pouvait se contenter de ces résultats un peu vagues. Il ne tarda pas à se livrer à des recherches plus précises; et bientôt il fut en état de trouver le rapport exact entre la masse de certaines planètes et la masse du soleil.

Les géomètres allaient peser les mondes.

Poids et masse. — Les attractions mutuelles qui s'exercent entre les molécules de la Terre et celles d'un corps terrestre, peuvent être remplacées par une force idéale unique ou résultante : cette résultante s'appelle poids du corps. Deux corps abandonnés en chute libre prennent le même mouvement : s'ils sont de poids égaux, ces mouvements identiques sont produits par des forces égales, et on doit déclarer que les deux corps ont même masse; et nous pourrons ici, sans inconvénient, représenter par un même nombre le poids et la masse d'un corps. Toutefois, le poids et la masse d'un corps sont choses bien distinctes : le poids est une force, et la masse est la quantité de résistance opposée à l'action des forces.

Quand il s'agit non d'un corps terrestre, mais d'un astre, tel que le Soleil, le mot poids est, à proprement parler, vide de sens. Mais ici encore, nous l'emploierons comme synonyme de masse.

Masse du Soleil. — Proposons-nous de chercher le rapport entre la masse du Soleil et celle de la Terre.

De combien un boulet, placé à 24 mille rayons terrestres du Soleil, tomberait-il vers cet astre pendant la première seconde de son mouvement? La réponse est facile. Remarquons d'abord que la Terre est juste à cette distance du Soleil et que son mouvement de révolution autour de cet astre équivaut à un rapprochement qui serait de trois millièmes de millimètre pendant chaque seconde. En d'autres termes, si on arrêtait un instant la Terre pour l'abandonner ensuite à elle-même, elle se précipiterait vers le Soleil d'un mouvement accéléré, en parcourant trois millièmes de millimètre pendant la première seconde. D'après la troisième loi de Newton, il en serait de même de tout corps terrestre et en particulier de notre boulet.

Demandons-nous maintenant de combien le boulet, placé à 24 mille rayons terrestres de notre globe, tomberait vers lui pendant la première seconde. Si ce boulet était à la surface de la Terre, cette chute serait de 4 mètres 9 dixièmes. Si on le transportait 24 mille fois plus loin, cette chute deviendrait beaucoup plus faible, elle serait divisée par le carré de 24 000; elle deviendrait ainsi de 9 milliardièmes de millimètre.

Ainsi, un même boulet, attiré tantôt par le Soleil et tantôt par la Terre, chaque fois à la distance de 24 mille rayons terrestres, parcourt, pendant la première seconde, 3 millièmes de millimètre dans un cas, 9 milliardièmes de millimètre dans l'autre. En divisant ces deux nombres l'un par l'autre, on aura le rapport des accélérations, c'est-à-dire celui des forces, ou encore le rapport de la masse du Soleil à la masse de la Terre.

On trouve pour quotient 330 000 environ; ce qui prouve que la masse du Soleil est à peu près 330 mille fois plus grande que celle de la Terre.

Masse de la Terre. — Pour comparer la masse de la Terre à celle d'un corps terrestre, Mitchell avait imaginé de faire attirer une petite balle de métal, tantôt par la Terre, tantôt par un bloc de plomb de poids connu. Comparant alors l'attraction terrestre ou poids de la balle à l'attraction que subissait cette même balle de la part du bloc de plomb, il devait trouver aisément le rapport de la masse de la Terre à celle du bloc. Cette expérience a été exécutée par Cavendish, puis reprise par M. Baily, à la demande de la Société astronomique de Londres.

On a employé, pour peser la Terre, une seconde méthode. Bouguer eut l'idée de comparer la masse de la Terre à celle d'une montagne, en mesurant la déviation que l'attraction de cette montagne devait faire éprouver à un fil à plomb placé dans son voisinage. Les expériences ne donnèrent pas de résultats bien concluants. Maskeline les reprit en Ecosse, au pied du mont Scheallien, qui est bien isolé, d'une forme régulière, d'une constitution géologique bien connue, et dont le poids est par conséquent facile à calculer. Maskeline choisit deux stations sur un même méridien, au nord et au sud de la montagne. Il y avait deux méthodes pour calculer la différence de latitude des deux stations. La première consistait à mesurer la longueur de l'arc de méridien qui les séparait. La seconde, plus directe, consistait à mesurer la hauteur du pôle ou latitude à chacune des stations, et à faire tout simplement la différence. Mais, dans les conditions particulières où opérait Maskeline, la seconde méthode était inexacte. En effet, la mesure de la hauteur du pôle est une opération qui suppose l'emploi d'un bain de mercure, ou en d'autres termes l'emploi du fil à plomb. Or, le fil à plomb était dévié dans chacune des deux observations par l'attraction de la montagne, et l'erreur commise sur la différence des latitudes était double de la déviation produite dans chaque cas.

Que fit donc Maskeline? Il calcula la différence de latitude des deux stations par la méthode exacte et aussi par la méthode inexacte. La différence des résultats lui donna le double de la déviation du fil à plomb et par suite le rapport entre la masse de la terre entière et la masse de la montagne.

Masse des planètes. — Newton a obtenu la masse de Jupiter en comparant le mouvement de cette planète au mouvement de l'un de ses satellites. La même méthode s'applique à toute planète qui a un satellite.

Arrivons enfin aux planètes dénuées de satellites. Nous avons vu que si les planètes avaient des masses comparables à la masse du Soleil, leurs mouvements s'écarteraient beaucoup des lois de Képler, tandis que ces mouvements s'écartent peu de ces lois, parce que les masses des planètes sont très petites par rapport à la masse du Soleil. On comprend, dès lors, que la grandeur de ces écarts dépend de la grandeur des masses, et, qu'en observant les premiers, on peut calculer celles-ci.

Du poids d'un même corps dans les divers mondes. — Pour soulever un même corps, tel qu'un boulet, un habitant de Jupiter serait tenu de faire un effort presque trois fois plus grand qu'un habitant de la Terre. Car, d'une part, la masse de Jupiter est 309 fois plus grande que celle de la Terre, et d'autre part son rayon est onze fois plus grand que le rayon terrestre. La première de ces circonstances rend le poids des corps 309 fois plus grand. La seconde le rend 121 fois plus petit, puisque 121 est le carré de 11.

On voit qu'il n'y a pas compensation et que finalement un même corps est presque trois fois plus lourd à la surface de Jupiter qu'à la surface de la Terre.

Si les habitants de Jupiter se font la guerre, ce qui est probable, et si leur matériel de guerre ressemble au nôtre, ce qui est possible, leurs projectiles doivent aller trois fois moins loin que les nôtres.

Masse des comètes. — La masse des comètes est très faible. L'observation prouve, en effet, que lorsqu'une comète passe dans le voisinage d'une planète, telle que Jupiter, la marche de la planète n'éprouve pas le moindre dérangement, tandis que celle de la comète est profondément modifiée.

On s'est demandé bien des fois avec inquiétude ce qui arriverait si quelque comète venait à rencontrer la Terre. Il est facile de répondre. Le choc serait insignifiant; il passerait inaperçu. Mais la comète pourrait laisser dans notre atmosphère des gaz dangereux à respirer.

Une telle rencontre est-elle probable? Voici ce que dit Laplace dans son *Exposition du système du monde :* Ce choc, quoique possible, est si peu vraisemblable dans le cours d'un siècle, il faudrait un hasard si extraordinaire pour la rencontre de deux corps aussi petits relativement à l'immensité de l'espace dans lequel ils se meuvent, que l'on ne peut concevoir à cet égard aucune crainte raisonnable... Mais l'homme est tellement disposé à recevoir l'impression de la crainte, que l'on a vu, en 1773, la plus vive frayeur se répandre dans Paris et de là se communiquer à toute la France, sur la simple annonce d'un mémoire dans lequel Lalande déterminait celles des comètes observées qui peuvent le plus approcher de la Terre; tant il est vrai que les erreurs, les superstitions, les vaines terreurs et tous les maux qu'entraîne l'ignorance, se reproduiraient promptement si la lumière des sciences venait à s'éteindre!

Laplace reconnaît néanmoins que « la petite probabilité d'une pareille rencontre peut, en s'accumulant à travers les siècles, devenir très grande ».

Ce qu'il y a de certain, c'est qu'en 1832 la comète de Biéla a failli rencontrer la Terre.

D'autre part, d'après MM. Liais, Hind et Valry, la Terre a été engagée dans la queue de la grande comète en 1861.

CHAPITRE IX

LE PROBLÈME DES TROIS CORPS

Mouvement elliptique et mouvement troublé. — Imaginons deux corps du système solaire, dont l'un tourne autour de l'autre, par exemple la Lune et la Terre. Nous avons vu que si ces deux corps étaient seuls dans l'espace, le centre de la Lune décrirait rigoureusement une ellipse, dont le centre de la Terre occuperait un foyer; que ce mouvement serait absolument conforme à la loi des aires; qu'enfin, à chaque révolution, l'ellipse décrite et l'allure de la Lune ne subiraient aucune modification. Ce mouvement, parfaitement régulier, qui se produirait dans notre hypothèse, sera appelé désormais *mouvement elliptique*.

Mais ce mouvement elliptique n'existe que dans notre esprit, car le Soleil, Jupiter, Saturne et les autres astres font subir leur influence à la Lune. L'effet de ces influences est de *troubler* le mouvement elliptique, d'y introduire des irrégularités ou *perturbations*. Le calcul et l'observation montrent également que ces irrégularités sont peu considérables. Mais elles n'en existent pas moins. De sorte que le véritable mouvement de la Lune n'est point le mouvement elliptique, c'est le *mouvement troublé*.

Calculer le mouvement troublé pour les divers astres du système solaire, tel est le principal problème de la mécanique céleste.

Les craintes de Newton. — Une des questions que soulève ce problème revenait souvent à l'esprit de Newton. Les perturbations étaient-elles de nature à se compenser à la longue? Ou bien, s'accumulant à travers les siècles, devaient-elles conduire notre monde solaire à une ruine certaine? Le secret de notre destinée était tout entier contenu dans le principe de l'attraction universelle. Mais il appartenait au calcul de l'en dégager, et les méthodes mathématiques, encore trop indécises, ne permirent point à Newton de résoudre la question. Réduit alors à faire des conjectures, il s'arrêta à cette idée qu'un système de forces aussi compliqué ne pouvait nous conduire qu'au chaos. Etrange supplice infligé au génie : l'auteur des *Principes* mourut avec cette conviction que sa découverte était une menace suspendue sur l'univers!

Problème des trois corps. — Ce problème des perturbations, dont Newton n'avait pu trouver la solution, ce problème menaçant dont on osait à peine envisager les redoutables conséquences, le XVIIIe siècle l'entreprit et le mena à bonne fin. Ce fut l'œuvre de cinq géomètres : Euler, d'Alembert, Clairaut, Lagrange et Laplace.

Rappelons-nous bien l'énoncé de ce problème. Au centre, un corps immobile. Autour de lui, circule un second corps. Si ces deux corps étaient seuls dans l'espace, le second marcherait selon les règles du mouvement elliptique. Mais tous les autres corps du système solaire agissent sur lui, et ces influences, quoique secondaires, font dégénérer ce mouvement elliptique en mouvement troublé. Calculer ce mouvement troublé.

Parmi les corps qui troublent le mouvement elliptique, il en est un, le plus souvent, dont l'influence est prépondérante. Quoi qu'il en soit, on conçoit aisément que toute la difficulté est de traiter le cas où le mouvement elliptique est troublé par un seul astre. On a ainsi le fameux *problème des trois corps.*

Méthode des approximations successives. — La solution du problème des trois corps revient à l'intégration d'un système de six équations différentielles. Or, on ne connaît pas de procédé rigoureux pour faire cette opération, et on est réduit à se servir de la méthode des approximations successives.

En quoi consiste cette méthode? Qu'on imagine un dessinateur faisant un portrait. Il indiquera d'abord par quelques lignes droites les principaux traits. Puis il corrigera les angles et dessinera quelques traits secondaires. Ensuite il passera à de nouveaux détails; et, ainsi, par une suite de retouches habilement calculées, il obtiendra un portrait de plus en plus fidèle, sans jamais atteindre à une ressemblance parfaite.

Telle est l'image de la méthode des approximations successives, à laquelle les calculateurs sont souvent forcés de recourir. Dans le problème des trois corps, cette méthode fournit comme première ébauche le mouvement elliptique. La seconde ébauche met à jour les principales perturbations; et, à chaque opération nouvelle, le mouvement se trouve connu avec plus d'exactitude.

Histoire du problème des trois corps. — Clairaut, Euler et d'Alembert ont résolu, presque en même temps, le problème des trois corps par la méthode que nous venons de définir. Il nous reste à faire connaître leurs travaux avec quelques détails.

Dans un mémoire couronné par l'Académie des sciences de Paris (1748), Euler étudie les perturbations de Jupiter et de Saturne dues à l'action mutuelle de ces planètes. Dès la même année, Clairaut et d'Alembert étudiaient le mouvement de la Lune, dirigé, comme on sait, par la Terre et troublé par le Soleil.

Les résultats donnés par Euler furent contredits par l'observation. A peu près à la même époque, pareille mésaventure arriva à Clairaut, à propos de ses calculs sur la Lune. Ces deux géomètres, trompés dans leur attente, crurent d'abord que l'hypothèse de l'attraction n'était point rigoureusement exacte et qu'il y fallait introduire un correctif. Il n'y avait d'inexact que leurs calculs. Clairaut ne tarda pas à s'en apercevoir; car, ayant eu le soin de pousser l'approximation plus loin, il reconnut qu'il s'était trompé et que les nouveaux résultats qu'il obtenait se trouvaient conformes aux observations. Ce fut un grand événement dans le monde de la science; et, depuis ce moment, l'hypothèse de Newton y régna en souveraine incontestée.

En 1752, Euler, répondant à l'appel de l'Académie des sciences de Paris, présenta un nouveau mémoire sur Jupiter et Saturne. Ce mémoire fut couronné. On y trouve une première idée de la stabilité du système du monde. On y remarque aussi avec étonnement qu'Euler s'embarrasse dans une équation algébrique du second degré! Chose étrange! le même fait devait arriver plus tard à l'illustre Monge, dans ses recherches sur les équations aux différences partielles. Inexplicables faiblesses du génie, qui confondent notre orgueil et semblent justifier la terrible ironie de Pascal : *Humiliez-vous, raison impuissante; taisez-vous, nature imbécile!*

En 1754, d'Alembert publie les deux premiers volumes de ses *Recherches sur le système du monde*, et applique sa solution du problème des trois corps à l'action mutuelle des planètes.

Enfin, en 1758, Clairaut applique sa solution du problème des trois corps au calcul du retour de la comète de Halley. Mais cette question mérite d'être étudiée à part.

CHAPITRE X

LA COMÈTE DE HALLEY

Halley. — En 1680, Newton observa une comète, reconnut que son mouvement était elliptique et conforme à la loi des aires, calcula les éléments de son orbite et fixa à six cents ans la durée de sa révolution. Il pouvait donc déclarer cette comète périodique et prédire son retour vers l'année 2280.

Cette prédiction à long terme n'était pas de nature à exciter un bien vif intérêt. Heureusement, en 1682, on vit apparaître une nouvelle comète, à laquelle Halley devait bientôt attacher son nom.

Ce grand astronome suivit cet astre dans sa marche, reconnut que son mouvement était elliptique, calcula tous les éléments de son orbite et fut amené à conclure que la durée de sa révolution était d'environ 75 ans. Voilà donc une nouvelle comète périodique dont le retour pouvait être prédit avec une certaine exactitude.

Halley ne manque pas de faire cette prédiction, et il annonce le retour de la comète pour la fin de 1758 ou le commencement de 1759. Quand cet astre reviendra, dit-il, je serai mort depuis longtemps; je désire alors que la postérité se souvienne que la première prédiction relative aux comètes a été faite par un Anglais.

La vérification qu'un avenir trop lointain lui dérobe, Halley va la demander au passé. Conseillé par Newton, ce grand astronome avait parcouru tous les anciens recueils pour faire le relevé des comètes signalées depuis les temps les plus reculés. Il avait d'ailleurs classé les comètes de son catalogue suivant l'ordre des dates. Halley parcourt ce catalogue en remontant et en franchissant des intervalles d'environ 75 ans. Il lui arrive ainsi de tomber sur des comètes qui ressemblent à celle qu'il a observée non seulement pour l'aspect, mais aussi pour l'orbite décrite.

C'est ainsi qu'il rencontre d'abord une comète dont le mouvement a été observé en 1607 par Képler et Longomontanus : l'orbite de cette comète ressemble beaucoup à l'orbite de la comète de 1682. Remontant plus haut, il trouve la comète de 1531, qui paraît être la même, puis encore celle de 1456, dont l'apparation avait semé partout l'épouvante.

Enfin, à plusieurs siècles de distance, il remarque les comètes de 248, 324, 399, séparées par un intervalle d'environ 75 ans, et par un second intervalle double du premier.

Clairaut. — A l'approche de l'année 1758, la comète de Halley était attendue avec le plus vif intérêt : il s'agissait de vérifier l'étonnante prédiction de l'astronome anglais.

Mais, pour donner plus de valeur à cette vérification, il convenait de prédire avec précision l'époque du retour de la comète et de tracer par avance, avec toute la rigueur possible, la route qu'elle devait suivre. Pour atteindre ce double but, un long calcul était nécessaire. En effet, la comète de Halley devait passer tout près de Jupiter et de Saturne.

Dans ce voisinage, elle devait nécessairement éprouver un trouble profond. Il s'agissait de calculer les perturbations produites, afin de connaître dans ses moindres détails le mouvement de la comète. Clairaut entreprit ce calcul, pour mettre à l'épreuve sa solution du problème des trois corps. Aidé par Lalande, il se proposa de déterminer les perturbations introduites dans la marche de la comète pendant ses deux dernières révolutions, c'est-à-dire pendant une période de cent cinquante ans.

Lalande déclare que Clairaut et lui calculèrent pendant six mois du matin au soir; que ce travail forcé lui causa une maladie dont les suites se firent sentir pendant tout le reste de sa vie; qu'enfin, sans le secours de Mme Lepaute, l'entreprise eût été difficilement menée à bonne fin.

Le 14 novembre 1758, Clairaut présente les résultats de ses calculs à l'Académie des sciences. Il annonce que Jupiter doit retarder le retour de la comète de 518 jours, Saturne de 100. En conséquence, il fixe au milieu du mois d'avril 1759 le passage de la comète au périhélie. Clairaut déclare en outre qu'il peut se tromper d'un mois en plus ou en moins, que sans doute le calcul eût été susceptible d'une plus grande précision, mais que, pressé par le temps, il a dû en négliger certains éléments secondaires.

La comète passa au périhélie le 12 mars. L'erreur de Clairaut était donc d'un mois environ. Cette erreur n'a rien qui doive nous étonner. Et d'abord les comètes, à cause de leur faible masse, sont très sensibles aux moindres influences perturbatrices. D'autre part, la masse de Saturne était mal connue à cette époque. Enfin, l'existence d'Uranus n'étant pas encore soupçonnée, l'influence de cette planète avait été nécessairement négligée.

L'apparition de la comète de Halley est un grand événement dans l'histoire de la science. Dès ce jour, les cieux relevaient de la géométrie : le calcul allait leur dicter des lois.

Quant aux comètes, dépouillées désormais de toute mystérieuse influence, elles n'exciteront plus qu'une curiosité purement scientifique. Plus de folles terreurs, ni de vaines superstitions.

L'homme, jusqu'alors courbé par l'épouvante, se relève enfin dans sa dignité : c'est l'heure de l'affranchissement!

LIVRE III

Le mouvement des planètes et de leurs satellites.

CHAPITRE XI

UNE VOIE NOUVELLE

La méthode des approximations successives faisait connaître les perturbations d'un corps céleste dans des circonstances données. Mais elle était incapable de dévoiler dans leur ensemble, pour le passé comme pour l'avenir, les diverses modifications subies par le système solaire.

Une méthode nouvelle allait permettre aux savants de plonger leurs regards dans l'immensité de l'espace et dans l'immensité du temps. Il s'agit de la méthode de la variation des constantes, imaginée par Euler et perfectionnée plus tard par Lagrange, Laplace, Hamilton, Jacobi, Delaunay.

Il serait difficile de donner une idée même grossière de cette méthode. Bornons-nous à dire qu'elle a permis tout de suite de diviser les perturbations en deux catégories : d'une part les perturbations de courte durée, qui ne troublent le mouvement elliptique que d'une manière passagère; on les appelle des inégalités périodiques. D'autre part, des perturbations qui persistent pendant un temps fort long; on les a appelées des inégalités séculaires.

Un exemple fera mieux comprendre cette distinction. Imaginons l'ellipse qui serait parcourue par une planète, si le mouvement de cet astre n'était point troublé. La planète décrit en réalité une courbe très compliquée, mais qui s'écarte peu de l'ellipse considérée. Chaque sinuosité de la courbe constitue dans le mouvement une inégalité périodique.

Mais il arrive souvent que le mouvement elliptique subit des troubles plus durables. C'est ainsi que l'ellipse, dont la planète s'écarte peu à chaque tour, peut s'aplatir d'une révolution à l'autre, en conservant la même longueur; et cette tendance de l'ellipse à s'éloigner de la forme du cercle, peut durer des centaines de siècles. Cette perturbation constitue une inégalité séculaire.

La première idée de la méthode de la variation des constantes se trouve dans un mémoire adressé par Euler à l'Académie de Berlin, en 1748. Mais l'exposition complète de cette méthode n'a été donnée par ce géomètre qu'en 1756 dans un mémoire couronné par l'Académie des sciences de Paris. Il faut bien le reconnaître, ce mémoire, si remarquable à bien des égards, laisse beaucoup à désirer au point de vue du calcul. Euler n'y donne guère que des résultats inexacts. Mais, par sa méthode de la variation des constantes, ce grand géomètre venait d'ouvrir dans le champ de la mécanique céleste une voie royale; et sur cette voie allaient s'élancer Lagrange et Laplace, les vrais législateurs des cieux!

CHAPITRE XII

UN CATACLYSME EFFRAYANT

Premier danger qui menace le système solaire. — Les inégalités séculaires, qui affectent d'une manière durable les mouvements des corps célestes, doivent-elles inspirer des craintes pour l'avenir du système solaire? Un exemple fera comprendre l'importance de cette question.

Supposons que l'ovale décrite par la Terre autour du Soleil grandisse tous les ans, et que cette inégalité persiste indéfiniment à travers les siècles, notre globe, privé de chaleur, de lumière et de vie, finira par échapper à l'attraction du Soleil. La Terre ne sera plus qu'un cadavre glacé errant à l'aventure à travers les abîmes de l'espace.

Imaginons au contraire que les dimensions de l'orbite terrestre ne cessent pas de diminuer dans la suite des âges. Notre globe se transformera peu à peu en une véritable fournaise, et finira par se précipiter sur le Soleil.

Or, ce que nous venons de dire de la Terre peut s'appliquer à toutes les autres planètes.

On voit quelquefois, sur les rivières profondes, des débris flottants entraînés dans un tourbillon : les cercles se resserrent, le mouvement devient plus rapide ; et tous ces débris, l'un après l'autre, disparaissent au fond de l'abîme. Il est permis de se demander si le système solaire n'est pas un gigantesque tourbillon ; et si toutes les Terres, toutes les Lunes, entraînées dans un mouvement vertigineux, n'iront pas l'une après l'autre s'engouffrer dans la masse du Soleil et alimenter cette immense fournaise.

Newton s'était posé cette question redoutable. Laplace eut la gloire d'y répondre.

Les orbites des planètes ont une longueur invariable. — En 1773, ce grand géomètre démontra que la longueur des ovales décrites par les planètes reste toujours la même. En 1780, Lagrange prouva que le fait énoncé par Laplace serait encore vrai même si le système solaire offrait des orbites très aplaties. Poisson a repris et complété l'œuvre de Laplace et de Lagrange.

La grande inégalité de Saturne et de Jupiter. — Les observations semblèrent tout d'abord contredire les conclusions de Lagrange et de Laplace, du moins pour Saturne et Jupiter. Ainsi, Halley avait remarqué que la durée de la révolution de Saturne allait en augmentant, tandis qu'elle allait en diminuant pour la planète Jupiter. Les géomètres en tiraient cette conséquence rigoureuse que la longueur des ovales décrites par ces planètes, au lieu d'être constante, comme le prétendaient Lagrange et Laplace, augmentait pour Saturne et diminuait pour Jupiter.

La planète Saturne devait-elle persévérer indéfiniment à s'éloigner du Soleil, et quitter à la longue le système solaire? La planète Jupiter, au contraire, était-elle destinée à se rapprocher sans cesse du Soleil et à se précipiter sur lui? Pourquoi le calcul n'avait-il pas prévu des perturbations aussi profondes? Toutes ces questions étaient fort agitées dans le monde savant. En vain, Euler et Lagrange, répondant à l'appel de l'Académie de Paris, avaient essayé de lever la difficulté. Il était réservé à Laplace de la résoudre.

Laplace observa tout d'abord que le rapport de l'accélération de Jupiter au ralentissement de Saturne avait la même valeur numérique qu'une expression mathématique simple formée avec les seuls éléments de ces deux planètes. Il en conclut que l'attraction mutuelle de ces deux astres était la seule cause des graves perturbations signalées par Halley. Le problème étant ainsi circonscrit, Laplace ne tarda pas à remarquer que le quintuple de la durée de la révolution de Jupiter différait très peu du double de la durée de la révolution de Saturne.

Il s'aperçut presque aussitôt que, grâce à cette circonstance fortuite, des termes qu'on avait crus très petits et qu'on avait négligés dans les calculs devaient avoir au contraire une influence très sensible sur les résultats.

« Je regardai donc ces termes comme une cause fort vraisemblable des variations observées. La probabilité de cette cause et l'importance de l'objet me déterminèrent à entreprendre le calcul long et pénible nécessaire pour m'en assurer. Le résultat de ce calcul confirma pleinement ma conjecture. » (Laplace, *Mécanique céleste*.)

Le calcul de Laplace prouvait, en effet, que l'attraction mutuelle des deux planètes était la seule cause des troubles observés, que Jupiter devait se rapprocher du Soleil, Saturne s'en éloigner, mais que, tous les 929 ans, ces perturbations devaient se produire en sens inverse. Ainsi les orbites de Jupiter et de Saturne augmentent et diminuent à tour de rôle et oscillent tous les 1858 ans autour d'une certaine grandeur moyenne qui est inaltérable.

On le voit, l'analyse mathématique rendait compte des perturbations de Saturne et de Jupiter, en même temps qu'elle en limitait l'étendue et la durée. Désormais, ces astres rebelles, devenus enfin les esclaves du calcul, ne pouvaient se permettre que des écarts périodiques!

CHAPITRE XIII

STABILITÉ DU SYSTÈME SOLAIRE

Forme des orbites. — Quand Laplace eut reconnu que la longueur des orbites planétaires était invariable, il se demanda si ces orbites conservaient aussi la même largeur; ou si, au contraire, elles changeaient de forme, soit pour s'arrondir en cercles parfaits, soit pour s'aplatir jusqu'à ressembler à des droites.

Il importait surtout de savoir si la largeur des orbites pouvait devenir très petite. Car si cette circonstance se réalisait, les planètes ne pouvaient manquer tôt ou tard de tomber sur le Soleil.

En 1784, Laplace prouve que les orbites planétaires ne conservent pas toujours la même largeur, que tantôt elles s'arrondissent, tantôt au contraire elles s'aplatissent, que ces déformations ne sont jamais bien considérables et ne compromettent en rien la stabilité du système solaire, qu'enfin les altérations se produisent très lentement, de manière qu'une période complète embrasse des centaines de siècles.

C'est en démontrant qu'une équation algébrique avait toutes ses racines réelles et inégales que l'illustre géomètre était parvenu à ces beaux résultats.

Les périodes pendant lesquelles les orbites passent par toutes les déformations qui leur sont permises, n'ont jamais une durée inférieure à soixante mille ans.

Actuellement l'orbite terrestre s'arrondit. Elle s'arrondira encore pendant vingt-quatre mille ans.

A partir de ce moment elle s'aplatira, pendant une longue suite de siècles, puis elle s'arrondira de nouveau, et toujours ainsi à travers les âges.

Oscillations lentes des plans des orbites. — Actuellement les plans des orbites sont tous peu inclinés sur le plan de l'équateur solaire. Il en sera toujours ainsi. La mécanique céleste montre en effet que ces plans, sans avoir à la vérité une direction invariable, n'éprouvent que des oscillations très faibles, très lentes et périodiques.

Direction de la longueur de l'orbite. — La longueur de chaque orbite change de direction dans le plan de cette courbe. La mécanique céleste permet de calculer ces mouvements.

Stabilité du système solaire. — Grâce aux résultats précédents, établis pour la première fois par Laplace, la stabilité du système solaire se trouvait démontrée, et le principe de l'attraction, qui s'était annoncé tout d'abord comme un élément de désordre, assurait au contraire à la machine du monde une durée indéfinie.

La stabilité du système solaire est due à deux circonstances : 1° A la forme des orbites, qui toutes diffèrent peu de cercles; 2° A la faible inclinaison des plans des orbites les uns sur les autres.

Mais par quel merveilleux hasard ces deux circonstances se présentent-elles dans les mouvements de toutes les planètes du système solaire? L'hypothèse cosmogonique de Laplace nous donnera l'explication de cet étrange phénomène.

CHAPITRE XIV

UNE ENTREPRISE COLOSSALE

Difficultés de la théorie de la Lune. — Il était désormais établi que le mouvement des planètes autour du Soleil ne pouvait subir d'autres perturbations que des perturbations périodiques et extrêmement lentes. En était-il de même pour chaque système de satellites?

De tous les systèmes de satellites, le plus intéressant pour nous est celui qui accompagne la Terre, bien qu'il ne soit composé que d'un seul astre, qui est la Lune. On est naturellement curieux de savoir si la Lune, s'éloignant de la Terre, finira par l'abandonner, ou si, se rapprochant de notre planète, elle finira par se précipiter sur elle, ou si enfin les dimensions de son orbite n'éprouveront jamais que des variations très faibles et périodiques.

Malheureusement, les calculs relatifs au mouvement de la Lune sont très compliqués. Il est facile d'en saisir la raison. La Lune, obéissant à l'attraction de notre globe, décrit son orbite autour de lui. Mais elle est soumise à l'influence perturbatrice du Soleil. Or, d'une part, cette influence est considérable, parce que le Soleil n'est pas trop éloigné; et d'autre part, la masse de la Terre étant petite, la Lune, qui ne reçoit pas de la part de cette planète une impulsion vigoureuse, se trouve pour ainsi dire faiblement défendue contre l'action du Soleil. Il résulte de là que le mouvement de la Lune doit éprouver des troubles profonds. On conçoit dès lors que ce mouvement ainsi défiguré, n'ayant plus rien conservé de la simplicité du mouvement elliptique, ne peut être étudié qu'à l'aide des calculs les plus laborieux.

Les satellites de Jupiter. — Les satellites de Jupiter, par exemple, n'exigent pas, à beaucoup près, une analyse aussi complète que la Lune. C'est que, d'une part, l'astre perturbateur, c'est-à-dire le Soleil, est plus loin de Jupiter et de ses satellistes qu'il n'est de la Terre et de la Lune; et que, d'un autre côté, Jupiter, en vertu de sa grosse masse, exerce sur ses satellites une action énergique; que la Terre ne saurait exercer sur la Lune.

Aussi, les mouvements des satellites de Jupiter ont-ils été étudiés par Laplace d'une façon magistrale, tandis que la théorie de la Lune est encore aujourd'hui tout à fait incomplète.

Ainsi, nous sommes bien certains que les satellites de Jupiter ne tomberont jamais sur les habitants de cette planète, tandis que nous ignorons si a Lune ne tombera pas sur la Terre.

Quantités des divers ordres. — Pour donner une idée plus précise des difficultés que l'on rencontre dans la théorie de la Lune, nous allons définir les quantités des divers ordres. Remarquons d'abord qu'aucun nombre n'est petit ou grand en lui-même; c'est par rapport à un autre nombre pris pour terme de comparaison qu'on peut le déclarer grand ou petit. Imaginons dès lors que, dans un calcul d'une certaine nature, un millionième puisse être regardé comme un nombre petit. On l'appellera une quantité du 1er ordre. Mais un millionième de millionième sera un nombre beaucoup plus petit, qui s'appellera une quantité du second ordre. Puis le millionième de la quantité du second ordre s'appellera quantité du 3e ordre, et toujours de même.

On voit par là que, lorsque la quantité du premier

ordre est très faible, on peut négliger celles du second, et à plus forte raison les suivantes. Au contraire, si la quantité du 1er ordre a une valeur relativement assez forte, on ne peut négliger que les quantités d'un ordre élevé. C'est ce dernier cas qui se présente dans la théorie de la Lune.

Aussi Laplace, dans les calculs des perturbations de la Lune, a-t-il tenu compte des quantités du 1er, du 2e et du 3e ordre. Encore même, n'a-t-il pas négligé toutes celles du 4e.

Entreprise de Delaunay. — Eh bien! la théorie de la Lune de Laplace est regardée aujourd'hui comme tout à fait insuffisante. C'est pour combler cette lacune de la mécanique céleste que Delaunay avait entrepris son gigantesque travail sur la théorie de la Lune. Le 1er volume de son ouvrage a paru en 1860. On sait qu'une seule formule algébrique y occupe *plus de cent pages* grand *in-octavo*. Le second volume a été imprimé en 1867. La publication du 3e a été suspendue par la mort de l'auteur, victime d'un accident survenu en pleine rade de Cherbourg le 5 août 1872. Ce troisième volume seul devait contenir la réduction des formules en nombres.

Pour donner une idée de la tentative de Delaunay, on peut dire qu'elle laisse bien loin derrière elle les plus grandes entreprises industrielles de notre siècle, par exemple le percement de l'isthme de Suez. Cette dernière œuvre, résultante inévitable d'un nombre déterminé de millions, susceptible d'être menée à bonne fin par tous les ingénieurs dignes de ce nom, n'exigeait ni la hardiesse de conception, ni l'indomptable ténacité, ni surtout la vigueur intellectuelle qui étaient nécessaires pour aborder le problème de Delaunay.

Mais la foule ne juge des œuvres que par leurs résultats tangibles; et le philosophe, tout entier à ses spéculations, dédaigne de la détromper. Ce dédain, qu'on nous permette de le dire, est peu philosophique. Dans notre pays, où la démocratie est désormais souveraine, il importe de signaler la véritable science. A défaut, nous tomberons vite au rang des Etats-Unis : toute haute culture intellectuelle nous sera interdite !

CHAPITRE XV

LA LUNE TOMBERA-T-ELLE UN JOUR SUR LA TERRE?

Une contradiction entre la théorie et les faits. — Quand les géomètres du siècle dernier voulurent étudier la théorie de la Lune, ils se trouvèrent aussitôt en face d'une difficulté presque insurmontable. D'une part, le calcul semblait prouver que l'orbite de la Lune avait une longueur invariable. Les observations, au contraire, montraient clairement que la durée de la révolution de la Lune allait en diminuant et que, par suite, son orbite devenait de plus en plus courte. La question était grave. Il s'agissait de soumettre à un contrôle sévère les calculs de la théorie de la Lune, de découvrir, parmi d'innombrables formules, la cause de la perturbation observée, d'étudier à fond cette cause, pour savoir si l'inégalité signalée devait se produire indéfiniment dans le même sens, et par ainsi de décider si la Lune devait tôt ou tard tomber sur la Terre. Tel était le problème sur lequel l'Académie des sciences appelait l'attention des géomètres.

Travail de Laplace (1787). — Laplace, répondant à son appel, expliqua l'accélération du mouvement de la Lune par l'augmentation de largeur qu'éprouve l'orbite terrestre. On sait que cette orbite doit s'arrondir encore pendant vingt-quatre mille ans, après quoi elle s'aplatira pour s'arrondir de nouveau, et toujours ainsi dans la suite des siècles.

Or, Laplace prouvait que, lorsque l'orbite terrestre s'arrondit, le mouvement de la lune doit s'accélérer, tandis que ce mouvement doit se ralentir lorsque l'orbite terrestre s'aplatit. Il était donc permis de supposer que l'accélération de la Lune avait pour seule cause le changement de forme subi par l'orbite terrestre. Et dès lors, il fallait admettre que le mouvement de la Lune devait alternativement s'accélerer et se ralentir, par conséquent que la longueur de son orbitre devait osciller autour d'une moyenne invariable, et, par suite, que nous n'avions pas à craindre la chute de notre satellite.

La contradiction subsiste. — Les choses n'allaient point trop mal. Les savants étaient rassurés, le public s'inquiétait fort peu de ce qui pourrait bien arriver dans quelques millions d'années, et Arago célébrait pompeusement les merveilles de la mécanique céleste, lorsqu'on s'aperçut que l'accélération du mouvement de la Lune était trop rapide pour que l'explication donnée par Laplace fût satisfaisante.

L'Académie des sciences de Paris adressa un appel aux savants du monde entier. De beaux travaux furent entrepris. La difficulté ne fut pas levée.

Un calcul de Delaunay. — Delaunay essaya à son tour de calculer l'accélération que devait introduire dans le mouvement de la Lune le changement de forme de l'orbite terrestre. Le 25 avril 1859 il communiqua à l'Académie des sciences le résultat de son calcul. Il avait tenu compte des quantités du huitième ordre! Douze ans plus tard, Delaunay reprit son calcul sous une autre forme. Cette fois, il employait des formules du Chapitre X de sa théorie du mouvement de la Lune, et il tenait compte de certaines quantités du neuvième et même du dixième ordre! Il trouvait ainsi un nombre un peu plus fort que la première fois (Académie des Sciences, séance du 25 avril 1871).

Les résultats de ces deux calculs ne s'accordent pas avec les données de l'observation. En consultant les tables des anciennes éclipses, on constate clairement que l'accélération effective du mouvement de la Lune est à peu près double de celle que Delaunay a calculée d'après la théorie de Laplace.

Ainsi la Lune semble se jouer des efforts des géomètres. Laplace n'a expliqué que la moitié environ de son accélération. Cette première moitié doit se changer dans vingt-quatre mille ans en ralentissement et ne peut, par conséquent, inspirer aucune inquiétude. Mais l'autre moitié est encore aujourd'hui une inconnue redoutable, dont l'effet pourra être un jour de précipiter la Lune sur la Terre.

Tentative de Puiseux. — Puiseux s'est demandé si la seconde moitié de l'accélération du mouvement de la Lune ne serait pas due aux lentes oscillations du plan de l'orbite terrestre. Il était d'autant plus naturel de se poser cette question que, dans tous les calculs de la mécanique céleste, l'orientation du plan de l'orbite terrestre joue le même rôle que la largeur de cette orbite, largeur dont l'influence avait été démêlée par Laplace. A la vérité, quand on ne tient compte que des quantités du premier ordre, on voit aisément que les oscillations du plan de l'orbite terrestre n'exercent aucune influence sur l'accélération du mouvement de la Lune.

Mais Puiseux, professeur de mécanique céleste à la Sorbonne, élève et successeur de Cauchy, savait mieux que personne combien, dans la théorie de la Lune, les inductions prématurées peuvent être dangereuses. Il se proposa de pousser les approximations assez loin pour qu'il ne restât aucun doute sur l'influence des oscillations du plan de l'orbite, relativement à l'accélération du mouvement de la Lune.

Le mémoire de Puiseux, présenté à l'Académie des sciences, fut l'objet d'un rapport lu par Delaunay, dans la séance du 17 janvier 1870. Voici en quels termes s'exprimait le rapporteur :

Nous n'entrerons dans aucun détail sur la marche que l'auteur a suivie pour atteindre son but. Nous nous contenterons de dire que, dans le développement des longs et pénibles calculs qu'il a eus à faire pour y arriver, on retrouve la netteté et la précision qui sont le caractère distinctif de ses travaux. Quant au résultat, il est le même que celui auquel on était parvenu en se bornant aux premières approximations : le changement de position du plan de l'écliptique dans l'espace n'a aucune influence sensible sur l'accélération du mouvement de la Lune. Cette conséquence, bien qu'elle soit négative, n'en a pas moins une grande importance ; et tous les amis de la science se féliciteront de ce que le doute qui pouvait rester sur ce point soit complètement dissipé. Nous proposons à l'Académie de décider que le mémoire de M. Puiseux sera inséré dans le *Recueil des Savants étrangers*.

Ainsi, d'après le travail de Puiseux, la seconde moitié de l'accélération du mouvement de la Lune ne peut s'expliquer par le balancement séculaire du plan de l'orbite terrestre.

Toutes les tentatives qu'on a faites pour trouver la cause de cette accélération ont été jusqu'à ce jour infructueuses. La science n'a pas encore rendu compte des écarts de notre capricieuse compagne.

Conclusion. — A cette question : La Lune tombera-t-elle un jour sur la Terre? le géomètre n'a qu'une réponse à faire : Je n'en sais rien.

CHAPITRE XVI

UN CALCUL DE LAPLACE

Distance de la Terre au Soleil. — Quand on connaît une des dimensions du système solaire, toutes les autres s'en déduisent par de simples mesures d'angles : c'est une application du principe géométrique de la similitude. On voit, d'après cela, combien il importe de connaître exactement la distance de deux astres, tels que la Terre et le Soleil.

Les astronomes ont plusieurs méthodes pour évaluer la distance du Soleil à la Terre. Les lecteurs qui voudraient les connaître avec quelque précision feront bien de lire une excellente notice de Delaunay sur la parallaxe du Soleil (*Annuaire du Bureau des Longitudes*, 1866). Une pareille étude n'entrant pas dans le cadre que nous nous sommes tracé, nous nous bornerons à dire que la plus parfaite de ces méthodes consiste à observer les passages de Vénus sur le disque du Soleil.

Malheureusement, ces phénomènes sont rares.

Deux passages se suivent de très près, à huit ans d'intervalle. C'est ainsi que les deux derniers se sont produits le 8 décembre 1874 et le 6 décembre 1882. Mais après ce double passage, il s'écoule, tantôt 108 ans 1/2, tantôt 121 ans 1/2, avant qu'un nouveau double passage se produise. Ainsi, les deux qui ont précédé celui de 1874 datent de 1761 et 1769.

On le voit, c'est seulement de siècle en siècle que les astronomes peuvent observer le passage de Vénus sur le disque du Soleil. Il est vrai qu'à huit ans de distance le même phénomène se produit. Mais de ces deux observations consécutives, la première n'est pour ainsi dire qu'une répétition générale, une sorte de mise à l'épreuve des instruments et des méthodes qui, dans le cours d'un siècle, ont été profondément modifiés.

La rareté des passages de Vénus sur le disque du Soleil n'est point le seul défaut de la méthode astronomique à laquelle ils ont donné naissance.

Pour que cette méthode donne de bons résultats, il est indispensable d'observer le phénomène en plusieurs points du globe, éloignés les uns des autres.

Il faut organiser des expéditions scientifiques coûteuses et envoyer à chaque station des observateurs habiles. On peut dire que le concours de toutes les nations civilisées peut seul assurer le succès d'une telle entreprise.

Méthode tirée de la mécanique céleste. — Ainsi l'astronomie ne peut nous donner la distance du Soleil à la Terre qu'à la suite d'observations nombreuses et délicates. La mécanique céleste, au contraire, permet de les déduire d'un simple calcul.

On comprend que les perturbations introduites par l'action du Soleil dans le mouvement de la

Lune doivent être plus ou moins grandes, suivant que le Soleil est plus ou moins près de notre planète et du satellite qui l'accompagne. Ainsi l'importance des inégalités de la Lune et la grandeur de la distance qui sépare la Terre du Soleil ont une dépendance mutuelle. La mécanique céleste fait connaître cette dépendance et permet alors de calculer l'un des deux éléments quand on connaît l'autre.

Or, les observations astronomiques ordinaires nous renseignent exactement sur les inégalités de la Lune. Il est donc possible de calculer la distance de la Terre au Soleil.

Telle est la méthode suivie par Laplace. Le nombre calculé par ce géomètre est-il plus exact que les nombres trouvés par les astronomes observateurs? La chose n'est pas impossible.

On connaît peut-être la boutade de Lagrange. Il serait plaisant, disait le grand géomètre, que les astronomes se permissent de tirer de leurs lunettes des nombres différents de ceux que nous avons calculés.

CHAPITRE XVII

URANUS

Découvertes de Galilée. — Au commencement du XVIIe siècle, Galilée, déjà célèbre, apprend qu'un Hollandais a construit un instrument qui donne à la vue une puissance extraordinaire. Aussitôt il se met à l'œuvre, et, à force de patience et d'habileté, il obtient un télescope qui rend les objets trente fois plus grands.

Armé de cet instrument, il observe la Lune. Quel n'est pas son étonnement! Il aperçoit sur cet astre des plaines et des montagnes. Toujours en garde contre les illusions de ses sens, il a d'abord beaucoup de peine à en croire ses yeux. Mais, en voyant les ombres des montagnes de la Lune changer de place, grandir, diminuer, suivant la direction des rayons solaires, il est forcé de se rendre à l'évidence.

Galilée observe ensuite le Soleil, en adaptant un verre noir à son télescope, pour affaiblir l'éclat de la lumière. Il aperçoit des taches sombres sur le disque brillant. Les jours suivants, il constate que les taches se sont déplacées toutes dans le même sens. Plus de doute : le Soleil tourne sur lui-même.

Le 8 janvier 1610, Galilée dirige son télescope vers la planète Jupiter. Il aperçoit un disque assez large, d'un éclat argenté, traversé par des bandes sombres. Tout à côté brillent des étoiles invisibles à l'œil nu. Galilée relève leur place, pour mieux suivre la marche de la planète dans le ciel. La nuit suivante il reprend ses observations. Les astres de la veille avaient changé de position, les uns par rapport aux autres. Ces astres n'étaient point des étoiles, mais bien des lunes! Le télescope venait de révéler les satellites de Jupiter!

Bientôt Galilée observe Vénus, et il découvre que cette planète a des phases comme la Lune.

Enfin, il remarque l'aspect étrange de Saturne sans pouvoir l'expliquer. Mais Huygens ne tarde pas à déclarer que cet aspect est dû à la présence d'un anneau qui entoure la planète.

On le voit, les révélations les plus inattendues se succèdent sans interruption. Il n'en pouvait être autrement. Toutes les découvertes que nous venons d'énumérer devaient suivre de près la construction du premier télescope. Elles ont rendu populaire le nom de Galilée, sans beaucoup ajouter au mérite du philosophe florentin.

Découverte d'Uranus. — La découverte des planètes invisibles à l'œil nu était, au contraire, subordonnée à bien des hasards ; et l'on s'explique sans peine que, pendant plus de *cent cinquante ans*, le télescope n'ait révélé aucun de ces astres.

Le 13 mars 1781, William Herschell aperçoit une petite étoile qui tombe dans le champ de son télescope. Il croit remarquer qu'elle a l'aspect d'un petit disque. Il note sa position par rapport aux étoiles connues du voisinage. Le lendemain, il cherche à revoir son étoile. Elle a changé de place ! C'est donc un astre errant.

Serait-ce une planète ? Herschell ne songe pas même à se le demander. Il annonce qu'il a découvert une comète. Aussitôt les calculateurs cherchent à déterminer l'orbite de la comète. Une difficulté les arrête : aucune orbite allongée ne peut rendre compte du mouvement observé. On essaie une ellipse arrondie. Le succès est complet. Le nouvel astre était donc une planète. On lui donna le nom d'Uranus.

La planète Uranus était au moins 80 fois plus grosse que la Terre. Son orbite était presque circulaire, peu inclinée sur l'orbite de la Terre, et environ deux fois plus grande que l'orbite de Saturne, qui jusqu'alors avait été la plus grande de toutes. Le mouvement était direct, comme pour les planètes visibles à l'œil nu.

Une idée de Képler. — On sait que Képler fut dirigé dans la recherche de sa troisième loi par cette considération que la grandeur de l'orbite d'une planète semblait régler la durée de sa révolution. Ce grand philosophe fut toujours guidé par un instinct merveilleux. C'est ainsi qu'en comparant avec soin les distances des planètes au Soleil, il fut conduit à une conclusion des plus hardies. Il remarqua que les rayons des orbites paraissaient augmenter d'une planète à l'autre suivant une loi simple, que cependant il y avait un trop grand intervalle entre les orbites de Mars et de Jupiter, qu'ainsi la loi se trouvait violée, et qu'à moins de supposer l'harmonie du système solaire rompue, il fallait admettre l'existence d'une planète invisible, circulant entre les orbites de Mars et de Jupiter.

Loi de Bode. — Les astronomes cherchèrent la loi soupçonnée par Képler. Le professeur Titius eut le mérite de la découvrir; et le professeur Bode, directeur de l'observatoire de Berlin, eut la gloire d'y attacher son nom.

Voici en quoi consiste la loi de Bode :

On part du nombre 3, que l'on double plusieurs fois, jusqu'à ce qu'on arrive à 192. On obtient ainsi une première suite de nombres 3, 6, 12, 24, 48, 96, 192.

On ajoute 4 à tous ces nombres, ce qui donne une nouvelle suite, en tête de laquelle on place le nombre 4. On obtient ainsi : 4, 7, 20, 16, 28, 52, 100, 196. On divise alors tous ces nombres par 10, ce qui donne : 0,4, 0,7, 1, 1,6, 2,8, 5,2, 10, 19,6. Considérant alors cette dernière suite, on y barre le cinquième nombre, savoir : 2, 8; et on écrit au-dessous des autres les noms des planètes par ordre, en s'éloignant du Soleil.

Si on prend alors comme unité de longueur le rayon de l'orbite terrestre, le nombre écrit au-dessus de chaque planète représentera sa distance au Soleil.

L'hypothèse de Képler devient vraisemblable. — Ainsi, la loi entrevue par Képler prenait une forme précise; et l'exception signalée par ce grand astronome se traduisait par l'inutilité du cinquième nombre de la suite. Fallait-il admettre, comme lui, l'existence d'une planète inconnue circulant entre les orbites de Mars et de Jupiter à une distance du Soleil représentée par le nombre barré? Le caractère mathématique de la loi de Bode semblait justifier cette hypothèse; et vers la fin du XVIIIe siècle, la plupart des savants s'étaient ralliés à l'opinion de Képler.

CHAPITRE XVIII

CÉRÈS

Le Congrès de Lilienthal. — En 1800, l'existence de la planète hypothétique de Képler fut discutée à Lilienthal, dans une réunion d'astronomes. Il fut convenu que l'on chercherait la planète inconnue avec une indomptable persévérance. Mais, comme des observations faites au hasard seraient probablement demeurées infructueuses, on décida de coordonner tous les efforts et de soumettre toutes les recherches à une discipline rigoureuse.

Le Zodiaque. — Pour exposer clairement la méthode qui fut adoptée, il est nécessaire de définir cette bande du ciel que les astronomes appellent Zodiaque. Les plans des orbites planétaires sont peu inclinés les uns sur les autres. Il résulte, de là, que le Soleil et les planètes, dans leurs mouvements apparents par rapport aux étoiles fixes, suivent des routes très voisines. Ces diverses routes sont donc contenues dans une bande assez étroite. C'est cette bande qu'on appelle Zodiaque. Le Zodiaque contient douze constellations, ou groupes d'étoiles, à peu près régulièrement espacés. Ce sont les douze constellations zodiacales énumérées par ordre dans deux vers d'Ausone, et aussi en tête de tous les almanachs.

La méthode adoptée. — Les astronomes de Lilienthal supposèrent avec raison que la planète inconnue devait voyager dans le Zodiaque, sinon pendant toute sa course comme les autres planètes, du moins durant la majeure partie. Ils divisèrent donc le Zodiaque en vingt-quatre compartiments égaux, et distribuèrent ces compartiments entre un égal nombre d'observateurs.

Chaque observateur avait une carte de la région du ciel qui lui était échue. Cette carte avait été dressée d'après les meilleurs catalogues. L'observateur regardait le ciel au télescope et le comparait à sa carte. Voyait-il dans le champ de son instrument une étoile non représentée sur le papier? C'était un astre suspect. Les jours suivants il observait attentivement cet astre, pour tâcher de le surprendre en flagrant délit de vagabondage. Si l'astre ne se déplaçait pas, c'était une étoile fixe. L'observateur la marquait sur sa carte. Puis il recommençait.

Piazzi trouve une planète. — Piazzi, de Palerme, était un des observateurs occupés à cette recherche. Le so r du 1er janvier 1801, cet astronome remarque une étoile dans la constellation du Taureau. Il consulte son catalogue ainsi que celui de Mayer. Cette étoile ne s'y trouve pas. Le lendemain, Piazzi cherche l'étoile. Il s'aperçoit qu'elle s'est déplacée d'environ cinq minutes d'angle. Les jours suivants il observe avec soin la marche de cet astre errant. Mais bientôt Piazzi tombe malade, le mois de février arrive, et le nouvel astre, se trouvant à peu près sur les mêmes étoiles que le Soleil, se perd dans l'éclat de la lumière solaire. Telle était à cette époque la difficulté des communications, qu'au moment où l'astre de Piazzi devenait invisible, il n'était pas encore signalé à l'attention des astronomes.

C'est la planète de Képler. — Cependant la nouvelle finit par se répandre. Les calculateurs se mettent à l'œuvre, et, d'après les observations de Piazzi, ils déterminent les éléments du nouvel astre. On trouve que son orbite est presque circulaire et qu'elle est comprise entre les orbites de Mars et de Jupiter. Cet astre était donc une planète, la planète devinée par Képler!

La planète est perdue. — Les éléments de la planète étant connus, le calcul permettait de tracer sa route à travers le ciel et de marquer jour par jour sa place sur cette route.

Enfin, le jour arrive où la place assignée à la planète par le calcul est assez loin du Soleil pour que cet astre redevienne visible. On dirige les télescopes vers le point désigné. Rien! Les observateurs du monde entier cherchent à retrouver la planète perdue. Tous les efforts sont inutiles.

Comment la retrouver? — Tandis que le public riait de la mésaventure, les astronomes s'appliquaient à en découvrir la cause. Cette cause fut bientôt connue. Les observations de Piazzi n'avaient pas duré un mois. Ces observations, ainsi resserrées dans un temps trop court, se prêtaient assez mal au calcul des éléments de la planète. Il était probable que les calculateurs n'avaient déduit de ces données incomplètes que des résultats imparfaits. Par conséquent, la marche de la planète à travers le ciel avait dû être mal déterminée; et les observateurs n'avaient aucun guide sûr pour diriger leurs télescopes. Voilà pourquoi on ne retrouvait point la planète perdue.

On voit quelle était la difficulté. D'un côté les recherches ne pouvaient être fructueuses qu'à la condition d'être dirigées par le calcul; et d'autre part le calcul avait été jusqu'alors impuissant à diriger les recherches.

Un calcul de Gauss. — Sur ces entrefaites, un jeune géomètre découvre une méthode de calcul qui permet de trouver avec exactitude les éléments d'une planète, même dans le cas où cet astre n'a été observé que pendant un temps assez court. Il saisit avec avidité l'occasion qui s'offre à lui, et il éprouve sa méthode sur la planète perdue. Le calcul est enfin achevé, la place de la planète est déterminée. Le jeune savant dirige le télescope vers le point voulu. Il regarde, et bientôt il voit briller la planète de Piazzi! Il a retrouvé ce nouveau monde, introuvable depuis plus d'un an!

Le calculateur qui venait de se signaler par ce succès devait être un jour un des plus grands géomètres de notre siècle : il s'appelait Gauss.

Cérès. — La nouvelle planète reçut le nom de Cérès. Les astronomes se mirent à l'observer pendant un temps fort long, afin que l'on pût calculer ses éléments avec la plus grande exactitude.

La planète Cérès se distinguait des planètes connues jusqu'alors, par ses faibles dimensions, par l'angle considérable que faisait le plan de son orbite avec le plan de l'orbite terrestre, enfin par l'atmosphère très dense dont elle paraissait entourée.

Quant à sa distance du Soleil, elle était représentée par le nombre 2,8, comme l'exigeait la loi de Bode.

CHAPITRE XIX

PALLAS

Découverte de Pallas. — Tandis que les astronomes se félicitaient de voir enfin l'harmonie rétablie dans le système solaire, le docteur Olbers, de Brême, venait tout remettre en question en découvrant une nouvelle planète, qui reçut le nom de Pallas (28 mars 1802).

La nouvelle planète avait à peu près le même volume que Cérès. Son orbite était assez allongée. Le plan de cette orbite faisait d'ailleurs un angle assez faible avec le plan de l'orbite terrestre. Quant au rayon de cette orbite, il était à peu près le même que le rayon de l'orbite de Cérès.

Cette dernière circonstance, qui était en contradiction manifeste avec la loi de Bode, excita le plus vif étonnement.

Hypothèse d'Olbers. — Pour expliquer cette étrange particularité, Olbers s'arrêta à l'hypothèse suivante :

1° Une planète dont les dimensions étaient comparables à celles de la Terre, a dû circuler antérieurement à notre époque à une distance du Soleil représentée par le nombre 2,8;

2° Une commotion interne a brisé cette planète en fragments, qui, obéissant à la fois à leur vitesse originelle et à l'attraction du Soleil, se sont mis à décrire des coniques ayant cet astre pour foyer.

3° Cérès et Pallas sont deux de ces fragments.

Examen de cette hypothèse. — Pour savoir si cette hypothèse méritait quelque attention, il fallait calculer la force de projection qui avait été nécessaire pour donner lieu au mouvement elliptique de Cérès et de Pallas; puis il fallait se demander si cette force pouvait être raisonnablement attribuée à la commotion que l'on soupçonnait.

Le calcul de la force de projection découlait naturellement de l'interprétation du problème des deux corps. Ce calcul n'était donc pas difficile. Lagrange ne dédaigna pas de le faire. Voici à quels résultats il fut conduit. Une force cent cinquante-six fois plus grande que celle du canon aurait produit un mouvement parabolique rétrograde. Une force cent vingt-une fois plus grande que celle du canon aurait eu pour effet un mouvement parabolique direct. Une force vingt ou trente fois plus grande que celle du canon avait dû suffire pour donner lieu aux mouvements elliptiques de Cérès et de Pallas. Telles furent les conclusions de Lagrange.

La commotion soupçonnée par Olbers pouvait-elle donner naissance à des forces vingt ou trente fois plus grandes que la force du canon? Il n'était pas déraisonnable de le croire. Et dès lors, la nouvelle hypothèse était digne de l'attention des astronomes.

Restait à en examiner les conséquences, pour savoir si elles étaient confirmées ou démenties par les faits.

1re conséquence de l'hypothèse. — Une de ces conséquences ne tarda pas à se présenter à l'esprit d'Olbers. Désignons par la lettre A le point de l'espace où a eu lieu la commotion. Les divers fragments doivent décrire des orbites différentes. Mais toutes ces orbites doivent évidemment passer par le point A. Donc chaque fragment doit revenir périodiquement au point A; à la vérité, la période n'est pas la même pour chacun d'eux, puisqu'elle dépend de la longueur de l'orbite décrite.

On connaissait déjà deux des fragments, Cérès et Pallas, ainsi que leurs orbites. Ces orbites se coupaient en deux points, dont l'un était dans la constellation de la Vierge et l'autre dans la constellation de la Baleine. L'un de ces deux points était le point A.

Olbers concluait de là que, si la planète primitive avait formé plus de deux fragments, ce qui était assez probable, les autres fragments devaient passer périodiquement en un point connu de la Vierge ou en un point connu de la Baleine. Le moyen de découvrir de nouveaux mondes était donc de diriger les télescopes vers l'un ou l'autre de ces points.

La théorie d'Olbers inspirait une telle confiance que l'on n'hésita pas à fouiller les régions du ciel qu'il avait désignées. Ces recherches ne furent pas vaines. Le 2 septembre 1804, M. Harding, de Lilienthal, découvrit une nouvelle petite planète. On l'appela Junon. Enfin, la découverte de Vesta (29 mars 1807) vint donner à l'hypothèse d'Olbers une nouvelle confirmation.

Pendant près de quarante ans, aucune autre petite planète ne fut signalée. Mais depuis la découverte d'Astrée, par M. Encke (8 décembre 1845), le nombre des planètes connues augmente tous les ans. Actuellement, ce nombre est supérieur à cent. Toutes les orbites ont leur rayon moyen compris entre 2,2 et 3,36. D'après Leverrier, la somme des masses des planètes connues ou inconnues, qui circulent autour du Soleil entre les distances 2,2 et 3, 16, ne peut pas dépasser le quart de la masse de la Terre. Le savant géomètre est arrivé à cette conclusion en considérant les perturbations éprouvées par la planète Mars (*Comptes rendus de l'Académie des sciences*, novembre 1853).

Deuxième conséquence. — Une autre conséquence de l'hypothèse d'Olbers, c'est que les fragments de plus grande masse ont dû suivre à peu près la route de la planète primitive, c'est-à-dire qu'ils ont dû décrire des orbites peu inclinées sur l'orbite terrestre; tandis que les fragments plus légers ont été lancés sur des orbites inclinées de toutes les manières. Cette conséquence de l'hypothèse d'Olbers se trouve confirmée par les observations.

Troisième conséquence. — Enfin si l'hypothèse d'Olbers est l'expression de la vérité, si une grosse planète s'est brisée en fragments à une époque très éloignée de nous, la commotion a dû donner naissance à des corpuscules de dimensions tout à fait réduites. Ces corpuscules, vu l'extrême petitesse de leur masse, doivent décrire des orbites très diverses, dont la plupart ont le Soleil pour foyer. Mais, à cause de leur faible volume, ils doivent être invisibles au télescope.

Ainsi, une conséquence de l'hypothèse d'Olbers, c'est que des fragments, invisibles au télescope, doivent circuler en tous sens à travers le système solaire. Il semble tout d'abord qu'une telle conséquence échappe au contrôle de l'observation, puisque les corpuscules en question défient les meilleurs instruments d'optique. Mais il faut remarquer que ces corpuscules peuvent être parfois dans des conditions assez favorables pour manifester leur existence. Et, en effet, ils se révèlent à nos yeux sous deux formes différentes : 1° comme *étoiles filantes;* 2° comme *bolides* ou *aérolithes.*

Conclusion. — Dans les chapitres précédents, nous étions arrivés à cette conclusion que le système solaire, de par les calculs de Laplace, est à l'abri de tout bouleversement.

Nous devons maintenant conclure que ce système

ne reste pas moins exposé à des accidents locaux qui méritent d'être signalés, tels que la chute des bolides sur notre globe. L'hypothèse d'Olbers, en particulier, est de nature à inspirer de l'inquiétude pour les grosses planètes. Qui oserait affirmer que la Terre ne volera jamais en éclats? Quoi que fassent les savants, l'avenir leur dérobera toujours des inconnues redoutables. Jamais la vérité ne brillera tout entière à leurs yeux; doivent-ils pour cela se détourner de sa recherche? Non, sans doute. Le monde croulerait, dit un contemporain, qu'il faudrait philosopher encore! Et j'ai la confiance que si jamais notre planète est victime d'un cataclysme, à ce moment redoutable il se trouvera des hommes qui, au milieu du bouleversement et du chaos, auront une pensée scientifique, désintéressée, et qui, oubliant leur mort prochaine, discuteront le phénomène, pour en tirer des conséquences sur le système général de l'univers!

(Ernest Renan, *Questions contemporaines.*)

LIVRE IV

La découverte de Neptune.

CHAPITRE XX

UN PROBLÈME DIFFICILE

Éléments d'Uranus. — Dès que William Herschell eut découvert la planète Uranus (1781), les astronomes observèrent sa marche, et les géomètres, s'emparant des résultats obtenus par les astronomes, calculèrent tous les éléments de son orbite. Malheureusement la révolution d'Uranus dure environ quatre-vingt-quatre ans. Les astronomes n'avaient donc observé la planète que sur une très petite partie de son orbite; et les géomètres, n'ayant à leur disposition que des observations insuffisantes, n'avaient pu faire que des calculs imparfaits. Les éléments d'Uranus n'étaient donc pas connus avec une exactitude assez grande.

Une méthode ingénieuse. — Au lieu d'attendre patiemment que l'avenir vînt apporter aux calculateurs des observations convenables, c'est-à-dire séparées les unes des autres par un temps assez long, on résolut de demander ces observations au passé. Voici comment on opéra. La planète Uranus était, en somme, assez bien connue pour qu'il fût possible de tracer grossièrement sa route à travers le Ciel et de suivre à peu près sa marche le long de cette route pendant tout le siècle qui avait précédé sa découverte. Durant ce siècle-là, Uranus avait dû être observée et cataloguée comme étoile fixe. Il était donc naturel de prendre les catalogues dressés depuis cent ans, d'y chercher les étoiles situées sur la route tracée, de choisir parmi elles celles qui, au jour de leur observation, occupaient la place assignée par le calcul à Uranus, enfin, de ne conserver parmi ces dernières que celles dont le télescope constatait la disparition. Il était permis d'espérer, qu'après ces éliminations successives, il resterait encore un certain nombre d'astres.

Si cet espoir n'était pas déçu, l'identité de tous ces astres avec la planète Uranus était évidente. On était alors en possession d'observations précises faites sur Uranus à des dates bien connues et fort éloignées les unes des autres. Telle fut la méthode suivie. Cette méthode eut un plein succès. On ne trouva pas moins de 19 observations, faites par quatre astronomes différents.

Échec de Bouvard. — Bouvard, s'emparant de ces données nouvelles, entreprit de déterminer avec exactitude les éléments d'Uranus. Il se proposait, ces éléments obtenus, de calculer d'avance les mouvements de la planète, et d'en dresser des tables exactes. Mais il fut arrêté, dès ses premiers pas, par une difficulté insurmontable. Aucune ellipse ne pouvait passer à la fois par les positions qu'on avait observées depuis Herschell et par celles qu'on avait relevées dans les catalogues.

Sans doute, Uranus était profondément troublée par Jupiter et Saturne, et son orbite, extrêmement tourmentée, ne ressemblait suffisamment à aucune ellipse.

Expédient de Bouvard. — Bouvard, laissant à l'avenir le soin d'éclaircir cette question, détermine les éléments d'Uranus par les seules observations faites depuis Herschell. Puis il se sert de ces éléments imparfaitement déterminés pour construire ses tables du mouvement d'Uranus. Ces tables avaient donc un vice d'origine; et, quoiqu'on y eût tenu compte avec soin des perturbations introduites dans la marche d'Uranus par Jupiter et Saturne, néanmoins, elles furent accueillies avec une certaine défiance. Bientôt, en effet, l'observation prouva que la marche d'Uranus n'était pas conforme aux prévisions des tables.

Une planète inconnue. — Mais la surprise commença, quand on remarqua la grandeur et la nature des écarts qui se manifestaient entre les résultats donnés par les observations et les résultats indiqués par les tables. C'est ainsi qu'en 1838, un grand astronome anglais, M. Airy, prouva que, d'après ses observations, Uranus était à 60 rayons terrestres de la route que lui traçaient les tables de Bouvard. C'était précisément la distance de la Terre à la Lune. On ne pouvait guère admettre que Bouvard eût commis de telles erreurs, même avec les éléments imparfaits qu'il avait eus à sa disposition.

Mais voici qui était bien plus étonnant. D'après les observations de M. Airy, Uranus s'écartait de sa route elliptique, en *s'éloignant* du Soleil, tandis que l'action de toutes les autres planètes connues devait tendre à la *rapprocher* de cet astre.

Ce dernier fait ne laissait plus aucun doute. On ne pouvait expliquer les écarts d'Uranus qu'en admettant l'existence d'une planète inconnue, qui, pour le moment, tendait à éloigner Uranus du Soleil.

Énoncé du problème. — Le problème suivant s'imposa donc à l'attention des géomètres : on donne les perturbations introduites dans la marche d'Uranus par une planète inconnue; on demande de déterminer la place de cette planète, à un moment donné, ainsi que les éléments de son orbite. On le voit, la question ordinaire de mécanique céleste se trouvait renversée. Au lieu de chercher les perturbations produites par un astre dont on connaît les éléments, il fallait déduire de perturbations connues les éléments de l'astre perturbateur. Au lieu de descendre de la cause à l'effet, il s'agissait de remonter de l'effet à la cause.

Leverrier. — Ce n'était certes pas un problème facile que de calculer les positions successives d'un astre par la seule connaissance des troubles qu'il provoque dans le système solaire. Un jeune géomètre français, Leverrier, eut la gloire de le résoudre. Leverrier était déjà connu par des travaux remarquables sur diverses questions de la mécanique céleste. Vivement pressé par Arago, il résolut de mettre en usage toutes les ressources de l'analyse pour dévoiler aux observateurs la marche de la planète inconnue.

CHAPITRE XXI

EXAMEN DU PROBLÈME DE LEVERRIER

Ce problème n'était point nouveau. — Le problème de Leverrier n'était point tout à fait nouveau. Certaines irrégularités inexplicables, observées dans le mouvement de Saturne, avaient fait soupçonner l'existence d'Uranus. Herschell, à la vérité, eut la bonne fortune de prévenir les calculateurs et d'apercevoir Uranus dans le champ de son télescope (1781).

Mais il était acquis que la première planète découverte depuis Newton avait été signalée, sinon déterminée, par la théorie des perturbations.

La théorie des perturbations ne fut d'aucune utilité pour la recherche des petites planètes. Il ne faut nullement s'en étonner. Chacun de ces astres avait une masse très faible, en sorte que son action perturbatrice ne pouvait se manifester par des effets décisifs. Cette action ne donnait lieu qu'à des troubles insensibles, insaisissables, incapables de signaler ou de caractériser l'astre perturbateur.

Mais bientôt la géométrie affirma nettement sa puissance. On sait qu'en 1759, l'époque du passage de la comète de Halley avait été déterminée par Clairaut avec une erreur d'un mois environ. Le passage suivant eut lieu en 1835.

Cette fois, le moment du retour au périhélie avait été calculé avec plus d'exactitude, et la marche de l'astre avait été réglée d'avance avec le plus grand soin. Les géomètres avaient en outre affirmé qu'un jour viendrait *où l'étude attentive des perturbations de la comète de Halley permettrait de découvrir les planètes qui pourraient être cachées dans les profondeurs des cieux.*

C'était, on le voit, le problème de Leverrier, avec cette différence que les perturbations subies par la comète de Halley remplaçaient les perturbations subies par la planète Uranus.

Plan de l'orbite de la planète inconnue. — Le problème de Leverrier, quoique fort difficile, était plus circonscrit qu'il ne paraît tout d'abord.

Remarquons en premier lieu que la planète inconnue, par les troubles mêmes qu'elle produisait, s'annonçait comme ayant une masse assez considérable. Or, toutes les grosses planètes connues avaient leurs orbites à peu près dans un même plan. On pouvait donc supposer, pour une première approximation, que l'orbite de la planète inconnue était dans le même plan que l'orbite d'Uranus.

Forme de cette orbite. — En second lieu, toutes les orbites des grosses planètes connues étaient presque circulaires. On pouvait admettre sans témérité qu'il en était de même pour la planète inconnue. Ainsi, on avait le droit de supposer, dans un premier calcul, que l'orbite de la planète inconnue était un cercle.

Rayon de l'orbite. — Une première question précise s'offrait alors à l'esprit : Quel est le rayon de cette orbite? En d'autres termes, quelle est la distance qui sépare la planète inconnue du Soleil? Et d'abord, la nature des perturbations subies par Uranus indiquait clairement que l'orbite de la planète inconnue était plus grande que celle d'Uranus. En supposant alors que la planète qui troublait Uranus était la plus rapprochée du Soleil, parmi celles qui en étaient plus éloignées qu'Uranus, la loi de Bode indiquait pour rayon de son orbite le nombre 38,6. Mais, comme la loi de Bode n'est qu'une loi empirique, et que d'autre part rien ne prouvait que parmi les planètes inconnues plus éloignées du Soleil qu'Uranus, la planète cherchée fût la plus rapprochée du Soleil, le nombre 38,6 n'était ni rigoureusement exact, ni même certain.

Il n'est pas difficile de comprendre comment on pouvait trouver avec rigueur et certitude la distance du Soleil à la planète inconnue. Qu'on suppose l'orbite de la planète cherchée légèrement plus grande que celle d'Uranus, alors la planète inconnue agira beaucoup plus sur Uranus que sur Saturne. Qu'on imagine, au contraire, l'orbite de la planète cherchée extrêmement grande : alors la planète inconnue agira à peu près autant sur Saturne que sur Uranus. On le voit, la planète inconnue agit à la fois sur Uranus et sur Saturne, et le rapport entre ces deux actions dépend du rayon de l'orbite de la planète cherchée. Comme d'ailleurs l'observation fait connaître ce rapport, la mécanique céleste doit permettre de calculer le rayon, c'est-à-dire la distance du Soleil à la planète inconnue.

Cette distance une fois trouvée, la troisième loi de Képler donnait la durée de la révolution.

Place de la planète dans le ciel à un jour déterminé. — Comme le mouvement était supposé circulaire, la loi des aires exigeait qu'il fût uniforme. Restait donc, maintenant qu'on connaissait le cercle décrit, la nature uniforme du mouvement et la durée de la révolution, restait, dis-je, à déterminer, à une date donnée, la place de la planète sur son orbite.

Cette dernière question une fois résolue, rien n'était plus facile que de suivre jour par jour la marche de l'astre.

Mais, comment trouver à une date donnée la place de la planète sur son orbite? La mécanique céleste permettait de résoudre cette question. Il est facile de s'en rendre compte. On savait qu'à cette époque l'astre perturbateur éloignait Uranus du Soleil. Il était donc à peu près sur le prolongement d'une ligne droite tirée du Soleil vers Uranus. Était-il rigoureusement sur cette droite? Dans ce cas, son seul effet devait être d'éloigner Uranus du Soleil, sans accélérer ni ralentir la marche de cette planète. Si, au contraire, l'astre perturbateur, dans son mouvement direct autour du Soleil, était un peu en avance sur Uranus, le mouvement de cette dernière planète devait être accéléré; et cette accélération devait être d'autant plus grande, que l'avance de l'astre inconnu sur Uranus était plus considérable. En d'autres termes, la planète inconnue, attirant Uranus, jouait le rôle d'un remorqueur. Admettons enfin que l'astre perturbateur fût en retard sur Uranus dans le mouvement direct. Alors, cet astre devait ralentir le mouvement d'Uranus. Au lieu d'être un remorqueur, il devenait un frein.

On voit que l'analyse attentive des perturbations subies par Uranus était de nature à indiquer la place exacte de l'astre perturbateur.

Une heureuse circonstance. — Vers l'année 1840, la planète inconnue était à peu près sur le prolongement d'une ligne tirée du Soleil vers Uranus. A cause de cette circonstance, la planète Uranus, au lieu de suivre sa route, se trouvait écartée du Soleil, ce qui avait permis à M. Airy d'affirmer l'existence d'une planète inconnue. Grâce à cette même circonstance, on savait que la planète inconnue était plus loin du Soleil qu'Uranus. On a vu enfin que la même circonstance permettait de trouver, avec une facilité relative, la position exacte de la planète sur son orbite.

Il faut conclure de là que l'époque à laquelle Leverrier entreprit de résoudre son problème était la plus favorable de toutes. L'heureuse circonstance qui caractérise cette époque ne se reproduit que tous les 171 ans!

CHAPITRE XXII

SOLUTION DE LEVERRIER

Premier mémoire, 1845. — Après avoir indiqué la voie qui devait conduire à la solution du problème de Leverrier, il convient d'y suivre pas à pas ce grand géomètre.

Leverrier prend d'abord la résolution de n'accepter qu'après examen les conclusions de ses prédécesseurs. C'est ainsi que, le 10 novembre 1845, il présente à l'Académie des sciences de Paris un mémoire dans lequel il détermine exactement les actions de Jupiter et de Saturne sur Uranus. Cette détermination avait été d'autant plus difficile que les éléments d'Uranus étaient imparfaitement connus.

Deuxième mémoire, 1846. — Le 1er juin 1846, Leverrier présentait à l'Académie un second mémoire dans lequel il prouvait qu'il était impossible de rendre compte des perturbations d'Uranus, à moins d'admettre l'existence d'une nouvelle planète qui, pour le moment, était à peu près sur le prolongement d'une ligne tirée du Soleil vers Uranus.

Jusque-là, Leverrier n'avait fait que confirmer les conclusions des autres géomètres. Mais son mémoire ne se bornait pas là. Partant de ce principe que l'orbite de la planète inconnue était peu inclinée sur les autres orbites, et que cette orbite pouvait d'ailleurs être regardée comme un cercle, Leverrier déterminait le rayon de ce cercle. Il trouvait aussi la place que la planète inconnue occupait sur ce cercle à une date donnée. Dès lors il pouvait suivre jour par jour la marche de l'astre cherché. Aussi annonçait-il que, le 1er janvier 1847, la planète inconnue devait se trouver par 325 degrés de longitude héliocentrique.

Troisième mémoire, 1846. — Ce résultat, joint à cette considération que la planète inconnue devait, comme les autres, se mouvoir dans le Zodiaque, aurait pu suffire à la rigueur pour diriger les recherches des observateurs. Mais Leverrier se propose d'obtenir des résultats plus précis. En conséquence, il traite l'orbite inconnue comme une ellipse, et, mettant en œuvre toutes les ressources de la mécanique céleste, il détermine le grand axe de cette ellipse, son excentricité, et la place que la planète y occupe à un moment donné. Il possède alors tous les éléments nécessaires pour suivre jour par jour la planète inconnue. Aussi annonce-t-il que, le 1er janvier 1847, la planète cherchée doit se trouver par 326 degrés 52 minutes de longitude héliocentrique. Il n'est pas inutile de faire remarquer que la nouvelle analyse de Leverrier donnait en outre la masse de l'astre inconnu. Toutes ces recherches et les résultats auxquels elles conduisent font l'objet d'un troisième mémoire, présenté à l'Académie des sciences le 31 août 1846.

Découverte de la planète. — Le 18 septembre 1846, Leverrier écrit à Galle, de Berlin, le priant de diriger son télescope vers la région du Ciel où le calcul signale la présence de l'astre. Galle se rend au désir de son ami; et, dès le premier soir, il aperçoit une étoile de 8e grandeur qui n'est point signalée par les catalogues (23 septembre). Cette étoile n'est même pas à un degré de distance de la place que la théorie assigne à la planète cherchée. Le lendemain soir, Galle s'empresse de regarder. L'étoile s'est déplacée! La direction et la vitesse du mouvement s'accordent avec les calculs de Leverrier!

La planète est trouvée!

Quatrième mémoire, 1847. — Le 5 octobre 1847, Leverrier présentait à l'Académie des sciences un quatrième mémoire, dans lequel il déterminait la position du plan de l'orbite de la planète.

Le bureau des longitudes décida que le nouvel astre porterait le nom de Neptune.

Solution de M. Adams. — Un jeune géomètre anglais, M. Adams, de Cambridge, avait entrepris de résoudre le même problème que Leverrier.

Dès l'année 1841, il faisait part de ses intentions au professeur Challis, de Cambridge. Ayant conquis tous ses grades en 1843, M. Adams obtenait bientôt une solution approchée du problème de Neptune.

Poursuivant alors ses recherches, il mettait entre les mains de M. Challis les éléments de la planète inconnue, avant que ces éléments eussent été obtenus ou tout au moins publiés par Leverrier. Dès le 29 juillet 1843, M. Challis commençait ses observations d'après les indications de M. Adams : il avait déjà enregistré un grand nombre de positions d'étoiles, lorsque, le 1er octobre, il apprit que Galle avait découvert la planète le 23 septembre.

CHAPITRE XXIII

LES ÉLÉMENTS DE NEPTUNE

Les éléments calculés par Leverrier sont inexacts. — Dès que la planète Neptune eut été découverte elle fut observée avec le plus grand soin.

Il s'agissait de savoir avec quelle exactitude Leverrier en avait déterminé les éléments. Malheureusement, la nouvelle planète, à cause de la grande distance qui la sépare du Soleil, a un mouvement angulaire très lent; en sorte que, pour déterminer ses éléments avec quelque exactitude, il était indispensable de connaître ses positions dans le Ciel à plusieurs années de distance. On résolut alors de faire comme pour Uranus, c'est-à-dire qu'au lieu d'attendre les observations qu'un avenir lointain ne manquerait pas d'apporter, on songea à interroger le passé.

C'est dans ce but que M. Adams entreprit de calculer approximativement les éléments de l'orbite de Neptune, d'après les observations récentes et, par ainsi, de déterminer grossièrement la marche de la planète pendant le siècle qui avait précédé sa découverte. Il fut suivi dans cette voie par plusieurs calculateurs, et notamment par M. Walker, de l'observatoire de Washington. M. Walker calcula approximativement les positions de la nouvelle planète depuis plus de cinquante ans. Puis il parcourut les derniers catalogues, dans l'espoir que Neptune aurait été observée le long de sa route à titre d'étoile fixe.

Son attention fut éveillée par une étoile de huitième grandeur, que Lalande avait observée le 10 mai 1795. Cette étoile occupait à peu près la position que le calcul assignait à Neptune pour cette époque éloignée. M. Walker fut ainsi conduit à supposer que l'étoile de Lalande n'était pas autre chose que la planète Neptune. Pour s'en assurer, il regarda le Ciel. C'est en vain qu'il y chercha l'étoile de Lalande. Cette étoile n'était pas à sa place. Elle n'était donc qu'un astre mobile, sans doute la planète Neptune.

Se fondant alors sur les observations récentes et sur .l'observation faite par Lalande en 1795, M. Walker put calculer avec précision les éléments de Neptune. O surprise! la longueur de l'orbite ainsi calculée différait notablement de celle que Leverrier avait obtenue, antérieurement à la découverte de la planéte.

On a recours au manuscrit original de Lalande. Cet astronome avait observé une étoile de huitième grandeur le 8 mai 1795. Deux jours après, c'est-à-dire le 10, il ne l'avait plus trouvée, mais il en avait aperçu une autre. de même grandeur et tout près de la première. Alors il avait rejeté l'observation du 8 comme inexacte et conservé celle du 10 comme douteuse. Evidemment l'astre que Lalande avait observé le 8 comme le 10, n'était autre que la planète Neptune. M. Walker était donc justifié.

Pourtant la découverte de Leverrier avait tellement frappé les imaginations, ses calculs inspiraient aux savants une telle confiance, que l'on hésita longtemps avant de se prononcer. Cette hésitation s'expliquait d'ailleurs par deux circonstances, la première que le résultat de M. Walker était en contradiction formelle avec la loi de Bode, la seconde que l'erreur de Leverrier quant à la position de la planète dans le Ciel n'avait été que d'un degré.

Aujourd'hui, la planète est connue depuis près de quarante ans, et le doute n'est plus permis. Les éléments calculés par Leverrier sont reconnus inexacts.

Ainsi la loi de Bode indique que la distance de la Terre au Soleil est environ 39 fois le rayon de l'orbite terrestre. Leverrier a conclu que cette distance ne pouvait pas être inférieure à 36 fois ce rayon. En réalité, elle n'est égale qu'à 30 fois ce rayon.

Comme tout se tient dans un calcul, cette erreur

de Leverrier eut pour conséquence de nouvelles erreurs sur les éléments de Neptune. C'est ainsi qu'il trouva pour sa masse un neuf millième de la masse du Soleil, au lieu d'un vingt millième.

Pour la durée de la révolution, il trouva 217 ans, au lieu de 165.

Pour le déplacement angulaire annuel autour du Soleil, il obtint ainsi 1 degré 42 minutes, au lieu de 2 degrés 24 minutes.

Cause de l'erreur de Leverrier. — Il est permis de croire, avec M. Liais, que Leverrier dans ses recherches s'est un peu trop souvenu de la loi de Bode. La confiance qu'inspirait cette loi, encore bien qu'empirique, le désir bien naturel de simplifier et d'abréger des calculs fastidieux ou même impraticables, ont dû entraîner ce géomètre hors des voies de la prudence et de la rigueur mathématique.

Une question incidente. — Il est naturel ici de se poser une question. Comment se fait-il que Leverrier, ayant obtenu des résultats complètement faux pour les éléments de Neptune, ne se soit trompé que d'un degré quant à sa place sur son orbite? Cela tient à deux causes. Premièrement, à cette heureuse circonstance que nous avons signalée, savoir que, vers l'année 1840, la planète Neptune était à peu près sur le prolongement de la droite qui va du Soleil à Uranus. Secondement, à la grande durée de la révolution d'Uranus, qui tous les ans ne décrit autour du Soleil qu'un angle de 2 degrés 24 minutes.

A cause de ces deux circonstances, les erreurs considérables commises par Leverrier n'influaient pas sensiblement sur la position de la planète.

Nouvelle question. — Pendant longtemps on a cru que Saturne était, de toutes les planètes, la plus éloignée du Soleil. La découverte d'Uranus à la fin du XVIIIe siècle la fit déchoir de son rang. A son tour la planète Uranus a été supplantée par Neptune. On peut se demander si le système solaire n'a pas des planètes encore plus éloignées du Soleil que Neptune.

L'étude attentive des mouvements de Neptune et des principales comètes permettra peut-être de découvrir de nouvelles planètes, sentinelles avancées, perdues dans les profondeurs des cieux.

LIVRE V

La forme des planètes

CHAPITRE XXIV

FORME DES CORPS CÉLESTES

Première idée du problème. — Jusqu'à ce moment, nous avons considéré les divers corps du système solaire comme de simples points matériels. Si on veut tenir compte de leurs dimensions, on est immédiatement conduit à se poser la question suivante : Quelle est leur forme?

L'aspect du Soleil, qui ressemble toujours à un disque, quoiqu'il se montre successivement à nous sous toutes ses faces, indique évidemment que cet astre est à peu près sphérique. On est conduit à la même conclusion à propos de la Lune, quoique son disque ne soit entièrement éclairé et par suite visible qu'à l'époque de la pleine lune. Enfin, comme les planètes vues au télescope ont toujours la forme de disques, quoiqu'elles nous présentent alternativement toutes leurs faces, nous devons admettre qu'elles ressemblent aussi à des sphères. La Terre ne fait pas exception : cela résulte de cette circonstance qu'en pleine mer l'horizon est toujours borné par un cercle.

Mais, depuis Newton, on s'est proposé de connaître plus exactement la forme des corps célestes.

Longtemps avant Newton, on avait supposé que les corps célestes avaient été fluides à l'origine. L'auteur des *Principes*, voulant vérifier l'une par l'autre cette dernière hypothèse et l'hypothèse de l'attraction, se posa le problème suivant : en admettant que les corps du système solaire aient été fluides à l'origine, quelle forme ont-ils dû prendre sous la double influence de leur rotation sur eux-mêmes et des attractions mutuelles qui s'exercent entre leurs molécules?

Ainsi que le fait remarquer Laplace, ce problème est extrêmement difficile, attendu que la forme du corps considéré dépend des forces qui agissent sur les molécules, et que ces forces à leur tour dépendent de la disposition des molécules, c'est-à-dire de la forme du corps.

Newton ne laisse pas de l'aborder dans son fameux livre des *Principes*, et, depuis lors, les plus grands géomètres s'y sont essayés, depuis Clairau et d'Alembert jusqu'à Legendre, Laplace et Poisson.

Un nombre remarquable. — On sait que la Terre tourne sur elle-même, en 24 heures, autour d'une ligne idéale qui passe par son centre et perce sa surface en deux points appelés pôles.

Cette rotation a pour effet de diminuer le poids de tous les corps. C'est à l'équateur que cette diminution est surtout sensible, parce que la vitesse d'entraînement qui résulte de la rotation de la Terre y est plus grande qu'ailleurs. Néanmoins, même à l'équateur, le poids de chaque corps n'est diminué que de 1/289 de sa valeur. Cette fraction est un nombre remarquable qui joue un grand rôle dans la question actuelle, et que Laplace représente par la lettre grecque prononcée *fi*.

Si la Terre tournait plus vite, la valeur du nombre *fi* augmenterait rapidement. Si elle tournait 17 fois plus vite qu'elle ne fait, les corps placés à l'équateur perdraient tout leur poids. Si elle tournait 20 fois plus vite, les corps placés à l'équateur seraient lancés dans l'espace, et l'Océan quitterait la Terre, en formant autour d'elle un anneau analogue à celui de Saturne.

Il est facile de calculer le nombre *fi* pour chaque planète. Ce nombre n'est jamais bien grand. Néanmoins, pour Jupiter, il atteint la valeur 1/10.

Solution de Newton. — Newton s'aperçoit d'abord que les corps célestes, à cause de leur rotation, doivent être aplatis à leurs pôles, c'est-à-dire que le rayon allant du centre au pôle doit être plus petit que le rayon allant du centre en un point de l'équateur. La différence de ces rayons est une fraction du rayon équatorial. Cette fraction s'appelle l'aplatissement.

Pour calculer l'aplatissement d'un corps céleste, Newton emploie un procédé fort ingénieux. Il suppose que ce corps céleste est arrivé à sa forme d'équilibre, et alors il a le droit d'admettre qu'il est solide en tout ou en partie. Il le suppose solide, sauf deux canaux liquides partant tous deux du centre pour aboutir l'un au pôle, l'autre en un point de l'équateur. Il exprime alors que ces deux colonnes liquides se font équilibre, c'est-à-dire qu'elles exercent la même pression au centre du corps céleste. C'est ainsi qu'il obtient le rapport entre le rayon qui va au pôle et le rayon qui va en un point de l'équateur. Ce rapport donne alors l'aplatissement.

En opérant ainsi, Newton arrive à cette conclusion que l'aplatissement de tout corps céleste doit être les 5/4 du nombre *fi* relatif à ce corps.

L'aplatissement d'un corps céleste est-il bien égal

aux 5/4 du nombre *fi*, comme le trouvait Newton? Non. Voici pourquoi : Newton, dans sa théorie, imaginait que la masse fluide des planètes, avant de devenir solide, était homogène. Or cela ne peut être ; et, comme on voit dans un même vase le mercure se placer au fond, l'eau sur le mercure, et l'huile sur l'eau, ainsi les matières les plus denses de la masse fluide ont dû se placer au centre du corps céleste et les plus légères à la surface.

Solution de Huygens. — Deux années étaient à peine écoulées, que Huygens abordait à son tour le problème de la forme des corps célestes. Ce géomètre partait de principes faux qui simplifiaient singulièrement la question, et il trouvait, pour valeur de l'aplatissement, 1/2 du nombre *fi*. Les principes faux qui servaient de point de départ à Huygens revenaient au fond à supposer les couches centrales de la masse fluide extrêmement denses et les couches superficielles extrêmement légères. Comme cette hypothèse n'était pas plus admissible que celle de Newton, le résultat donné par Huygens se trouvait également inexact.

CHAPITRE XXV

CLAIRAUT ET SES SUCCESSEURS

Ce qui restait à faire. — Nous avons montré comment Newton et Huygens, en calculant l'aplatissement des corps célestes, étaient arrivés à des nombres faux. Ces nombres n'étaient pourtant pas sans intérêt. En effet, comme la masse fluide, sans être homogène, n'a pu être néanmoins infiniment plus dense au centre qu'à la surface, il est clair que l'aplatissement véritable d'un corps céleste doit être compris entre le nombre donné par Newton et le nombre donné par Huygens, c'est-à-dire entre les cinq quarts et la moitié du nombre *fi*.

C'est ainsi qu'on peut affirmer, d'après les seuls résultats obtenus par Newton et Huygens, que l'aplatissement de la Terre est compris entre les nombres 1/579 et 1/230.

En somme, le problème de l'aplatissement avait été à peine ébauché.

Quant à la forme des corps célestes, Newton admettait que ces globes aplatis étaient des *ellipsoïdes de révolution*. Mais il ne justifiait point son opinion. A la vérité, en 1737, Clairaut démontra que les corps célestes, supposés homogènes, pouvaient avoir cette forme (*Transactions philosophiques*). Et Maclaurin, dans un mémoire couronné par l'Académie des sciences de Paris, arrivait aux mêmes résultats que Clairaut (1740). Mais ces deux géomètres ne prouvaient pas que la forme de l'ellipsoïde fût la seule possible.

En résumé, le véritable problème était encore à résoudre. C'est à Clairaut qu'était réservée la gloire de donner le premier une solution exacte.

Clairaut. — La plupart des personnes qui, dans les cours élémentaires des collèges, ont étudié la géométrie de Clairaut, ne se doutent pas que l'auteur de ce petit livre est un des plus grands géomètres français. En 1731, à l'âge de 16 ans, il publiait son fameux traité des courbes à double courbure. La publication de ce livre marque une grande date dans l'histoire de la géométrie. La révolution que Descartes avait opérée dans la géométrie plane s'étendait désormais à la géométrie de l'espace.

Nous avons souvent rencontré le nom de Clairaut dans le problème des perturbations. Mais le véritable domaine de ce grand géomètre est le problème de la forme des corps célestes.

Pour se rapprocher le plus possible des conditions physiques de ce problème, il fallait imaginer une masse fluide peu différente d'une sphère, tournant autour d'un axe mené par le centre de cette sphère, et composé de couches concentriques homogènes, la densité des couches allant en diminuant du centre à la surface suivant une loi inconnue.

Ce n'est pas tout. Rien ne prouve que les corps célestes n'ont pas commencé à devenir solides par le centre. Il fallait donc étudier le cas où les couches superficielles ne devenaient solides qu'après les couches centrales.

C'est en 1743, à l'âge de vingt-huit ans, que Clairaut publia sa théorie de la figure de la Terre. On ne lira peut-être pas sans intérêt le jugement de Laplace sur ce beau travail. « L'importance de tous ces beaux résultats et l'élégance avec laquelle ils sont présentés placent cet ouvrage au rang des plus belles productions mathématiques. » Telle est la conclusion de l'examen détaillé auquel se livre l'auteur de la mécanique céleste.

Les successeurs de Clairaut. — D'Alembert aborda le problème avec plus de généralité que Clairaut dans ses *Recherches sur le système du monde* (1754-1756). Nous ne ferons pas l'histoire des beaux travaux de Legendre, Laplace et Poisson. Nous nous contenterons de faire connaître les résultats auxquels ces travaux ont conduit.

Voici l'énoncé du problème :

Une masse fluide diffère peu d'une sphère. Elle est composée de couches concentriques et homogènes dont la densité diminue du centre à la surface, suivant une loi inconnue. Cette masse tourne autour d'un axe passant par le centre de la sphère. Enfin, le mouvement est lent, c'est-à-dire, pour parler avec précision, que la fraction $\mathfrak{k}$ relative à ce globe est très petite. La masse peut d'ailleurs contenir un noyau intérieur solide. Dans ces conditions, on demande la forme exacte que prendra la masse fluide.

Voici la solution :

La masse fluide doit prendre la forme d'un ellipsoïde de révolution aplati aux pôles. L'aplatissement doit être compris entre la moitié et les cinq quarts du nombre $\mathfrak{k}$. La matière fluide qui est à l'intérieur doit se disposer en couches homogènes concentriques, séparées les unes des autres par des ellipsoïdes de révolution. Enfin, parmi ces ellipsoïdes, les plus grands sont aussi les plus aplatis.

Telles sont les conclusions de la théorie. Nous allons les comparer aux résultats de l'observation.

CHAPITRE XXVI

FORME DE LA TERRE

Les Triangulations. — Il s'agit maintenant de vérifier si l'observation confirme les résultats indiqués par la théorie relativement à la forme des corps célestes. De tous ces corps, celui qui se prête le mieux à cette vérification, c'est celui que nous pouvons parcourir en tous sens, c'est-à-dire la Terre. En effet, pour connaître la forme et les dimensions de notre globe, il n'y a qu'à mesurer les longueurs de quelques arcs de méridien et de quelques arcs de parallèles. Ces mesures, à la vérité, ne peuvent être opérées qu'au moyen d'une opération fort délicate qu'on appelle *triangulation*. Dans une triangulation bien faite, l'erreur commise ne doit pas atteindre cinq centimètres par kilomètre. Ainsi la longueur de la France entière est connue avec une erreur moindre que 50 mètres.

C'est le géomètre Picard qui a imaginé l'opération connue sous le nom de triangulation. Il eut aussi le mérite de l'effectuer le premier. En 1669 il mesura l'arc du méridien qui s'étend d'Amiens à Malvoisine. Cette opération fit connaître pour la première fois avec exactitude les dimensions de la Terre, et par suite celles de l'orbite lunaire. Elle permit ainsi à Newton de vérifier que la force qui oblige la Lune à tourner autour de la Terre n'est autre que le poids de notre satellite.

Il s'écoula plus d'un demi-siècle, sans qu'aucune triangulation fût effectuée. Voici à quelle occasion on en entreprit de nouvelles. Clairaut et d'Alembert venaient de déterminer par le calcul la forme des corps célestes. On était impatient de savoir si, conformément à ces calculs, la Terre était aplatie aux pôles. Il était facile de s'en assurer. Il n'y avait qu'à mesurer la longueur d'un arc de méridien d'un degré à différentes latitudes. Si cette longueur était de plus en plus grande à mesure qu'on s'éloignait de l'équateur, il fallait bien admettre que la Terre était aplatie à ses pôles. « L'Académie des sciences, « au sein de laquelle cette grande question fut « vivement agitée, jugea avec raison que la diffé- « rence des degrés terrestres, si elle est réelle, se « manifesterait principalement dans la comparaison « des degrés mesurés à l'équateur et vers le pôle. » (Laplace, *Exposition du système du monde.*) Elle résolut donc d'envoyer des opérateurs habiles en Laponie et au Pérou.

En 1756, *Bouguer*, *Lacondamine* et *Godin* allèrent mesurer un arc de méridien au Pérou.

En même temps, *Clairaut*, *Maupertuis*, *Camus* et *Lemonnier* se rendaient en Laponie pour y faire une opération analogue. C'est à ce voyage que Voltaire fait allusion dans *Micromégas*.

Enfin, *Cassini de Thury* et *Lacaille* étaient chargés de vérifier en France le travail de Picard.

En comparant les résultats de ces diverses mesures, il devint évident que la Terre était aplatie aux pôles.

En 1790, *Delambre* et *Méchain* furent chargés par l'Assemblée Constituante de mesurer l'arc de méridien compris entre Dunkerque et Montjouy près de Barcelone. Cette opération avait pour but de faire connaître avec plus d'exactitude les dimensions de notre globe, afin de choisir la nouvelle unité de longueur, c'est-à-dire le mètre. Ce travail a été complété plus tard par Biot et Arago.

Depuis le commencement de ce siècle, de belles triangulations ont été effectuées par les Allemands et surtout par les Anglais. Quant à nous, après avoir été longtemps leurs maîtres, nous n'avons même pas su devenir leurs élèves. L'opération qui a servi à faire notre carte de l'État-major, n'est autre chose qu'un bon travail de géographie « où l'on voit qu'un « monsieur très sage s'est appliqué ».

Au point de vue de la mécanique céleste, elle est pour ainsi dire sans valeur. Chose triste à dire, jusqu'en 1871, nos bureaux de la guerre étaient encore en admiration devant les procédés de Delambre! Nous n'étions en retard que d'un siècle! Rendons hommage en passant à l'un des officiers les plus distingués de l'armée française, le colonel Perrier, dont l'indomptable persévérance nous a affranchis de cette honteuse routine.

La Terre est-elle un ellipsoïde de révolution? De toutes les triangulations qui ont été faites, il résulte que la Terre, même en faisant abstraction des montagnes, n'a point la forme d'un ellipsoïde de révolution, mais qu'elle ne s'écarte pas beaucoup de cette forme.

Ce résultat était facile à prévoir. Le calcul qui impose à la Terre la forme d'un ellipsoïde, suppose que notre globe, au moment où il devenait solide, était composé de couches concentriques homogènes. Or, cette condition n'était pas rigoureusement remplie, puisque dans cette masse fluide, des actions intérieures, provoquées par des phénomènes physico-chimiques, produisaient les soulèvements des montagnes.

Deuxième méthode. — Les triangulations ne sont pas indispensables pour étudier la forme de la Terre.

L'observation de la marche du pendule à diverses latitudes, permet d'atteindre le même but. Il est facile de s'en rendre compte. A cause de la rotation de la Terre, le poids des corps est diminué, surtout à l'équateur. Il en résulte qu'un pendule de longueur donnée, oscille de plus en plus vite à mesure qu'on s'éloigne de l'équateur. Ces variations dans la durée des oscillations doivent être plus ou moins grandes suivant la forme de la Terre.

Les expériences faites avec le pendule, tout en donnant une idée de la forme de la Terre, n'ont pas permis de décider si notre globe était ou non un ellipsoïde. Cette méthode n'est point assez précise pour trancher la question. Laplace en explique savamment les raisons dans son traité de mécanique céleste.

CHAPITRE XXVII

APLATISSEMENT DE LA TERRE

Définition. — La Terre n'étant pas un ellipsoïde de révolution, il est impossible de définir son aplatissement d'une manière rigoureuse. On peut dire, sous une forme un peu vague, que l'aplatissement de notre globe n'est autre chose que l'aplatissement de l'ellipsoïde qui lui ressemble le plus. Par cela même, le seul moyen de le connaître avec quelque exactitude consiste à le calculer plusieurs fois avec des données différentes, et à prendre la moyenne des nombres ainsi obtenus.

Première méthode. — La première méthode est la méthode des triangulations. Voici quelques résultats de cette méthode. En comparant l'arc du Pérou à celui de Delambre, on trouve pour aplatissement 1/310. Biot, en prolongeant l'arc de Delambre jusqu'à l'île de Formentera, a trouvé 1/334. Une belle triangulation faite par les Anglais dans l'Inde a donné le nombre 1/120. On voit que le globe terrestre est assez irrégulier.

Deuxième méthode. — Nous avons dit qu'en observant la marche du pendule à diverses latitudes, on pouvait étudier la forme de la Terre. Cette méthode, qui n'est point assez précise pour permettre de décider si la Terre est un ellipsoïde de révolution, donne au contraire de bons résultats pour calculer l'aplatissement de notre globe.

M. Baily, dans un mémoire publié par les soins de la Société astronomique de Londres, rapporte les expériences faites avec le pendule par le capitaine Forster en quatorze lieux différents du globe. Il résulte de ces expériences que l'aplatissement de la Terre peut être regardé comme une moyenne entre les nombres 1/298, 1/294, 1/293, 1/290. En discutant les résultats obtenus par d'autres observateurs, M. Baily est conduit à admettre pour moyenne le nombre 1/285.

Troisième méthode. — Cette moyenne, qui représente l'aplatissement de notre planète, Laplace voulut l'obtenir par les seules ressources de la mécanique céleste. Ce géomètre osa se proposer ce problème de trouver la forme de la Terre, sans recourir au pendule et sans faire aucune triangulation. Cette tentative hardie fut couronnée d'un plein succès; et dès lors il fut établi que, pour calculer la courbure de notre globe, il suffisait de regarder le ciel.

Voici en quels termes Arago rend compte du travail de Laplace :

« La Terre maîtrise la Lune dans sa course. Un corps aplati n'attire pas comme une sphère. Il doit donc y avoir dans le mouvement, nous avons presque dit dans l'allure de la Lune, une sorte d'empreinte de l'aplatissement terrestre. Telle fut, dans son premier jet, la pensée de Laplace.

« Il restait encore à décider, là gisait surtout la difficulté, si les traits caractéristiques que l'aplatissement de la Terre devait donner au mouvement de notre satellite, étaient assez sensibles, assez apparents, pour ne pas se confondre avec les erreurs d'observation; il fallait aussi trouver la formule générale de ce genre de perturbations, afin de pouvoir, comme dans le cas de la parallaxe solaire, dégager l'inconnue.

« L'ardeur et la puissance analytique de Laplace surmontèrent tous les obstacles. A la suite d'un travail qui avait exigé des attentions infinies, le grand géomètre découvrit dans le mouvement lunaire deux perturbations, nettes et caractéristiques, dépendant l'une et l'autre de l'aplatissement terrestre.

« La première affectait la portion du mouvement de notre satellite qui se mesure surtout avec l'instrument connu dans les observatoires sous le nom de lunette astronomique; la seconde, s'effectuant à peu près dans les directions Nord et Sud, ne devait guère se manifester que par les observations d'un second instrument : le cercle mural. Ces deux inégalités, de valeurs très différentes, mesurées avec des instruments entièrement distincts, liées à la cause qui les produit par les combinaisons analytiques les plus diverses, ont cependant conduit l'une et l'autre au même aplatissement. »

Ajoutons quelques détails à l'exposition d'Arago :

Laplace, dans ses formules, a considéré la Terre comme un ellipsoïde. Sa méthode doit donc donner l'aplatissement de l'ellipsoïde qui ressemble le plus à notre globe. Burckardt, en réduisant en nombres les formules de Laplace, a trouvé que les inégalités de la Lune en longitude indiquent pour la Terre un aplatissement de 1/304, tandis que les inégalités en latitude conduisent au nombre 1/305.

Conclusion. — On a discuté avec soin les résultats donnés par les trois méthodes qui précèdent. On admet généralement aujourd'hui que l'aplatissement de notre globe est un peu supérieur à 1/300. Il est à remarquer que ce nombre est compris entre les deux limites assignées par la théorie.

Une remarque historique. — La Commission du système métrique, pour obtenir les dimensions de la Terre et choisir la nouvelle unité de longueur, a adopté le nombre 1/334 pour représenter l'aplatissement de notre globe. Ce nombre est trop faible. Il en résulte que le quart de la longueur d'un méridien, au lieu de contenir 5,130,740 toises du

Pérou, comme le pensait la Commission, contient 400 toises de plus. L'étalon adopté par la Commission et qu'on a appelé mètre est donc trop petit.

CHAPITRE XXVIII

L'APLATISSEMENT DE MARS

Une contradiction apparente. — Comme nous pouvons parcourir la surface de la Terre et la mesurer dans tous les sens, il a été possible de constater que notre globe, conformément aux indications de la théorie, a, presque rigoureusement, la forme d'un ellipsoïde. Il n'en est pas de même lorsqu'il s'agit de toute autre planète, de Saturne, par exemple.

Tout ce qu'on peut faire c'est de vérifier avec une lunette que le disque de Saturne n'est pas un cercle parfait, mais une ovale. On peut aussi, par des procédés délicats, mesurer la longueur et la largeur de l'ovale, et déduire de ces deux mesures l'aplatissement de Saturne. Il ne reste plus qu'à vérifier que l'aplatissement ainsi mesuré est compris entre les deux limites assignées par les théories des géomètres, et calculées pour la première fois, l'une par Newton, l'autre par Huygens.

Cette vérification réussit pour toutes les planètes, à l'exception d'une seule, la planète Mars. L'aplatissement de cette planète dépasse de beaucoup la limite fixée par Newton, ce qui est contraire à la théorie des géomètres.

Cette circonstance a été longtemps regardée

comme incompatible avec les idées généralement admises, et en particulier avec l'hypothèse cosmogonique de Laplace. Mais, en 1874, j'ai établi, dans une note que Puiseux a bien voulu présenter à l'Académie et qui a été publiée dans les comptes rendus, que cette incompatibilité n'est qu'apparente, et qu'il est facile de rendre compte de l'aplatissement de Mars au moyen d'une hypothèse bien simple. Je vais exposer les principaux résultats consignés dans cette note.

Hypothèse relative à la formation de Mars. — Tous les géomètres qui ont étudié la forme des corps célestes, ont trouvé que leur aplatissement devait être plus grand que le nombre d'Huygens, et plus petit que le nombre de Newton. C'est que tous ont supposé que les couches de la planète étaient de plus en plus denses, depuis sa surface jusqu'à son centre.

En traitant le problème indépendamment de cette hypothèse, j'ai trouvé que, si la densité des couches superficielles était moindre que la densité moyenne, l'aplatissement devait être supérieur au nombre de Huygens et inférieur au nombre de Newton, mais que, *si la densité des couches superficielles était supérieure à la densité moyenne, l'aplatissement devait dépasser le nombre de Newton.*

Il suffit donc, pour expliquer la forme de Mars, de faire voir que les couches superficielles de cette planète peuvent être plus denses que les couches centrales. Il n'y a pour cela qu'à supposer que la planète Mars s'est formée en deux ou plusieurs fois, qu'un premier noyau central s'est refroidi et durci, puis, qu'un amas de matière cosmique, passant dans le voisinage, s'est précipité sur lui et s'est répandu à sa surface comme un océan de lave. Il est bien clair que si l'astre qui nous occupe s'est ainsi formé en deux ou plusieurs fois, la densité des couches superficielles y peut être plus grande que la densité moyenne.

Ainsi, pour expliquer l'aplatissement de Mars, il suffit d'admettre, à titre d'hypothèse, que cette planète a été formée en plusieurs fois.

Première preuve à l'appui de cette hypothèse. — Dans la note dont il a été question ci-dessus, j'ai donné une formule qui permet, lorsqu'on connaît l'aplatissement d'une planète ainsi que la diminution que subit le poids d'un corps en se déplaçant depuis son pôle jusqu'à son équateur, de calculer le rapport entre la densité des couches superficielles et la densité moyenne.

En appliquant cette formule à la Terre, j'ai trouvé que la densité des couches superficielles est environ les quatre cinquièmes de la densité moyenne. Ce résultat est d'accord avec les expériences de pendule faites par M. Airy, dans les mines profondes du pays de Galles.

En appliquant la même formule à la planète Mars, j'ai trouvé que la densité moyenne de cet astre est les deux tiers de la densité de ses couches superficielles. Or, au point de vue physico-chimique, une pareille constitution de la planète Mars n'a rien qui doive nous étonner.

Si, au contraire, le résultat du calcul, au lieu d'être deux tiers, eût été par exemple un vingtième, il aurait fallu, sans hésitation, rejeter l'hypothèse que j'avais faite, comme ne correspondant à aucune réalité physique.

Deuxième preuve à l'appui de cette hypothèse. — D'après l'hypothèse cosmogonique de Laplace, sur laquelle nous reviendrons plus tard avec détails, les diverses planètes du système solaire se sont formées successivement avec des masses de matière cosmique détachées du Soleil. En outre, il est certain que les planètes les plus éloignées du Soleil se sont formées les premières. Nous pouvons donc classer les planètes d'après leur âge, en commençant par les plus anciennes, savoir Neptune, Uranus, Saturne, Jupiter, Mars, la Terre, Vénus, Mercure.

On voit que la planète formée aussitôt après Mars, n'est autre que la Terre. C'est donc la masse cosmique qui a formé la Terre, qui, d'après mon hypothèse, a dû fournir à Mars ses couches superficielles.

Cela dit, prenons pour unité la densité de la Terre. Dès lors, les couches superficielles de Mars ont pour densité le nombre 1. Donc, d'après les résultats donnés par ma formule, la densité moyenne de Mars doit être égale à 2/3.

Eh bien! que l'on ouvre l'*Annuaire du Bureau des Longitudes*. Qu'on y lise la densité de Mars, telle qu'elle a été calculée par la théorie des perturbations. Le nombre qu'on y trouve diffère à peine de 2/3.

Cette preuve me semble décisive.

CHAPITRE XXIX

LES ANNEAUX DE SATURNE

Principe de Laplace. — Tout ce que nous avons dit de la forme des corps célestes ne s'applique qu'à ceux qui ressemblent à des sphères. C'est le cas de tous les corps du système solaire, à l'exception des anneaux de Saturne, dont nous allons nous occuper.

On sait que la planète Saturne esten tourée par trois anneaux concentriques situés dans le plan de son équateur. Ces anneaux sont-ils solides? Sont-ils liquides? ou bien sont-ils composés de petits astéroïdes solides, comme on paraît le croire depuis quelque temps?

Laplace ne peut répondre à cette question, mais ce qu'il affirme, c'est que l'équilibre de la matière des anneaux est indépendant de leur solidité; c'est-à-dire que, dans le cas où ces anneaux seraient solides, ils pourraient se fondre ou se pulvériser sans que leur forme actuelle fût en rien altérée.

Sur quoi se fonde cette affirmation de Laplace? Il est facile de le comprendre. Supposons, en effet, que la matière des anneaux ne fût en équilibre que grâce à la solidité de ces corps. Dans ce cas, les diverses parties des anneaux se trouveraient soumises à des forces qui ne seraient équilibrées que par la résistance des matériaux. Mais, comme cette résistance a une limite, les anneaux devraient peu à peu tomber en ruines; pour parler plus exactement, il n'en resterait plus trace aujourd'hui. Il leur serait arrivé ce qui arrive aux édifices les plus solides. Quand ils sont neufs, la résistance de leurs matériaux les maintient en équilibre. Mais, à la longue, ces matériaux ne résistent plus à leur propre poids, et il ne reste plus pierre sur pierre.

Voici une autre considération à l'appui de l'affirmation de Laplace. Si les corps célestes ont été fluides à l'origine, les anneaux de Saturne peuvent bien être solides aujourd'hui, mais à coup sûr ils ne l'ont pas toujours été. Or, au moment où ils allaient devenir solides, en prenant leur forme définitive, il est clair qu'ils étaient en équilibre sous cette forme.

Ainsi, le principe qui sert de point de départ à Laplace dans son étude des anneaux de Saturne, est le suivant : les anneaux de Saturne peuvent être regardés comme une masse fluide en équilibre.

Condition d'équilibre des anneaux. — Du principe qui précède, Laplace conclut immédiatement que les anneaux doivent tourner autour de la planète, comme une véritable chaîne de satellites. Car sans cela, le fluide qui est censé les former, tomberait sur Saturne comme une trombe. Telle est l'idée première de Laplace. Il s'agissait de soumettre cette idée au calcul. On savait que les anneaux étaient aplatis et on ignorait s'ils étaient réguliers, c'est-à-dire s'ils avaient la même grosseur tout le tour.

Guidé par ces remarques, Laplace se demande si un anneau fluide aplati tournant autour de Saturne et ayant une section elliptique variable ne pourrait pas être en équilibre sous la triple influence de l'attraction mutuelle de ses molécules, du poids de ces mêmes molécules par rapport à Saturne et de la force centrifuge provenant de la rotation des anneaux. Il trouve que cet équilibre est possible; et des conditions mêmes de l'équilibre il déduit la vitesse de rotation de l'anneau, ainsi que l'aplatissement des ellipses de section, qui sont toutes semblables, quoiqu'elles puissent être de grandeurs différentes.

L'analyse de Laplace suppose, il est vrai, que la largeur de l'anneau est assez petite par rapport à son rayon; mais cette condition se trouve remplie pour les anneaux de Saturne.

Il n'est pas nécessaire d'entrer dans les détails de cette analyse pour comprendre comment elle a fait connaître la vitesse de rotation de chaque anneau. En effet, puisque cette vitesse règle la grandeur de la force centrifuge, elle doit être telle que la force centrifuge des molécules fasse équilibre au poids qui les sollicite vers Saturne.

Laplace a trouvé que la durée de la révolution de chaque anneau est à peu près la même que celle de la révolution d'un satellite qui suivrait un canal creusé dans la masse même de l'anneau. Cette durée est d'environ quatre heures et un tiers pour l'anneau moyen.

Les observations d'Herschell ont confirmé ce résultat du calcul.

CHAPITRE XXX

LA PLUME ET LE TÉLESCOPE

Un mémoire de Laplace (1789). — On sait que le Soleil imprime à l'orbite de la Lune de légères oscillations. Il semble qu'il doit exercer la même action sur les satellites de Saturne et sur les anneaux. L'observation prouve qu'il n'en est rien, que les anneaux ainsi que les six premiers satellites de Saturne sont dans un même plan, et que ce plan ne subit point d'oscillation. Comment expliquer cette contradiction? Quelle est la cause capable de tenir en échec l'action du Soleil? Telle est la question que se pose Laplace.

Ce grand géomètre, frappé de cette circonstance que les anneaux et les six premiers satellites sont dans un même plan, suppose que ce plan est celui de l'équateur de la planète. Dès lors, il n'a plus qu'à admettre que Saturne a un mouvement de rotation très rapide, et que, par suite, son aplatissement est considérable.

Aussitôt la difficulté s'évanouit. Chacun voit sans peine qu'un globe fortement aplati doit maintenir dans le plan de son équateur les anneaux et les orbites des six premiers satellites, et que l'action du Soleil, combinée avec celle des autres satellites, ne peut avoir pour effet que de faire osciller d'un mouvement commun le plan de l'équateur de Saturne avec les anneaux et les orbes des six premiers satellites.

Ces résultats remarquables, obtenus par Laplace, sont consignés dans un mémoire publié en février 1789.

Dès le mois de novembre de la même année, Herschell, grâce à un puissant télescope, constatait qu'en effet la planète Saturne tournait sur elle-même avec une grande rapidité.

Ainsi le plus grand observateur des temps modernes était réduit à enregistrer les décisions du calcul. Car déjà les mondes invisibles relevaient de l'analyse mathématique !

Les anneaux sont en équilibre stable. — Chacun sait qu'il y a deux sortes d'équilibre, l'équilibre stable et l'équilibre instable. L'équilibre d'un corps est appelé stable, lorsqu'en déplaçant ce corps très légèrement, on le voit reprendre sa position première. Tel est le cas d'un fil à plomb qu'on écarte très peu de la verticale. On dit au contraire que l'équilibre d'un corps est instable, lorsqu'en l'écartant très peu de sa position première, on s'aperçoit qu'il ne peut y revenir de lui-même. Tel est le cas d'une baguette que l'on cherche à maintenir verticale en l'appuyant sur un plan horizontal par son extrémité inférieure.

Laplace ne manque pas de se demander quelle

est la nature de l'équilibre des anneaux de Saturne. Il conclut aussitôt que cet équilibre ne peut être que stable. En effet, les anneaux ont dû être bien des fois écartés légèrement de leur position d'équilibre, puisque la moindre circonstance, par exemple le passage d'une comète ou l'action d'un satellite de Saturne, est capable de déterminer ce faible écart. Si l'équilibre était instable, les anneaux, légèrement dérangés, au lieu de reprendre leur position première, se seraient précipités sur la planète Saturne.

Conséquences de ce fait. — Ainsi la stabilité de l'équilibre des anneaux de Saturne est un fait indiscutable. Mais cette stabilité suppose que ces anneaux remplissent certaines conditions ; et la recherche de ces conditions au moyen de l'analyse mathématique est de nature à révéler de nouveaux détails sur le mouvement de ces corps étranges. C'est encore à Laplace que revient l'honneur d'avoir entrepris cette recherche.

Pour bien comprendre les résultats auxquels ce géomètre a été conduit, il est indispensable de savoir que tout corps nous offre un point remarquable qu'on appelle son centre de gravité; et que dans certains corps, tels que les anneaux, le centre de gravité, au lieu de faire partie de la masse du corps, se trouve dans la partie vide.

Laplace a prouvé que chaque anneau, par cela seul que son équilibre est stable, doit remplir deux conditions. Premièrement, son épaisseur doit varier le long de son contour, ou, à défaut, sa densité ne doit pas être la même aux divers points du circuit. En second lieu, le centre de gravité de l'anneau ne doit pas coïncider avec celui de Saturne, mais il doit décrire autour de lui une petite orbite avec une vitesse égale à la vitesse de la rotation de l'anneau lui-même.

Ici encore, l'observation a confirmé les résultats des calculs de Laplace. Ainsi on a reconnu d'abord que les anneaux n'ont pas la même épaisseur le long de leur contour. Puis Struve et Bessel, par des mesures très délicates, ont établi que les centres de gravité de ces anneaux circulent autour du centre de gravité de Saturne.

Conclusion. — Quelque merveilleuses que soient les découvertes qui précèdent, il est une chose plus merveilleuse encore : c'est la manière dont elles ont été faites.

Qu'on imagine d'un côté des observateurs avec des télescopes gigantesques construits à grands frais. De l'autre un géomètre, dédaignant de regarder le ciel et n'ayant pour tout instrument qu'une plume.

Qui surprendra tout d'abord les secrets du monde de Saturne? Sera-ce un observateur, ou bien le géomètre? Dans cette rivalité d'efforts, qui est-ce qui va l'emporter, de l'astronomie ou de la mécanique céleste, de la plume ou du télescope?

L'histoire nous répond : C'est la plume!

CHAPITRE XXXI

EXPÉRIENCES DE M. PLATEAU

Principe de ces expériences. — Il est désormais impossible de parler de la forme des corps célestes sans rappeler les belles expériences de M. Plateau, de Bruxelles.

L'huïle est plus légère que l'eau; mais elle est plus lourde que l'alcool. On conçoit donc qu'en mélangeant de l'eau et de l'alcool dans des proportions convenables, on puisse obtenir un liquide qui fait même poids que l'huile. Si on met de l'huile dans ce mélange, au lieu de monter à la surface, comme elle ferait dans l'eau, ou de tomber au fond, comme elle ferait dans l'alcool, elle restera suspendue au milieu du liquide. Tel est le principe des expériences de M. Plateau.

Les expériences. — L'ingénieux physicien de Bruxelles fait son mélange d'eau et d'alcool; puis, avec les précautions voulues, il introduit de l'huile au milieu de ce mélange : l'huile se réunit en boule et reste suspendue au milieu du liquide. La boule est d'ailleurs parfaitement sphérique, comme le fait prévoir la théorie de l'attraction universelle.

M. Plateau fait une autre expérience. Il s'arrange de façon que la boule d'huile soit traversée par un fil de fer vertical. Puis il fait tourner ce fil de fer sur lui-même comme une broche. L'huile, qui adhère au fil de fer à cause de sa viscosité, se met à tourner avec lui. Aussitôt la boule s'aplatit à ses pôles. En cet état, elle représente une planète, telle que la Terre ou Vénus.

Vient-on à faire tourner le fil de fer plus vite, la boule tourne plus vite aussi et s'aplatit de plus en plus, conformément aux indications de la théorie. Elle représente alors une planète à rotation rapide, comme Jupiter ou Saturne.

Quand on fait tourner encore plus vite, la masse d'huile s'aplatit encore et se sépare quelquefois en deux parties, savoir un noyau en forme de boule qui reste au centre, et un anneau horizontal qui entoure ce noyau. Le noyau et l'anneau tournent avec le fil de fer et dans le même sens que lui. Ce petit système en équilibre représente Saturne et l'un de ses anneaux.

Qu'on cesse alors de faire tourner le fil de fer. Peu à peu le noyau et l'anneau tournent moins vite ; et, dès que la rotation est devenue assez lente, l'anneau se détruit, et l'huile qui le forme se réunit à celle du noyau central. Ceci prouve bien que les anneaux de Saturne ne sont en équilibre que grâce à leur rotation.

Il est rare qu'en faisant tourner le fil de fer, on réussisse à détacher un anneau d'huile. Le plus souvent on ne détache que des gouttelettes, qui se mettent à circuler dans le mélange d'eau et d'alcool, en tourbillonnant autour du fil de fer.

Quelquefois aussi on détache un anneau, qui ne remplit pas les conditions de l'équilibre et qui se brise en gouttelettes : ces gouttelettes circulent alors autour de la boule centrale.

Conclusion. — Les expériences de M. Plateau confirment en tous points les résultats obtenus par les géomètres. Ces expériences nous montrent aussi comment le Soleil, en tournant sur lui-même, a pu détacher de sa masse les diverses planètes ; comment les planètes, à leur tour, ont donné naissance à leurs satellites ; comment la planète Saturne, en particulier, s'est entourée de ses anneaux ; en sorte que nous assistons à la formation du système solaire, telle qu'elle résulte de la belle hypothèse cosmogonique de Laplace !

LIVRE VI

La théorie des marées.

CHAPITRE XXXII

DES MARÉES

Description du phénomène. — L'étude du phénomène des marées se rattache naturellement à l'étude de la forme de la Terre. Ce phénomène consiste en un mouvement périodique des eaux de l'Océan, qui, en un même lieu, s'élèvent et s'abaissent alternativement au-dessus ou au-dessous d'un niveau moyen : on constate sans peine ce mouvement tout le long des côtes. La Méditerranée n'a pas de marées bien sensibles : c'est que l'étendue de cette mer est peu considérable et que les côtes en sont profondément découpées.

En un point quelconque de la côte de l'Océan, on a deux hautes mers et deux basses mers en un jour lunaire, c'est-à-dire en 24 heures 50 minutes. Chaque période de flux et de reflux dure donc en ce point 12 heures 25 minutes ; c'est-à-dire que l'Océan se gonfle pendant une partie de cette durée et qu'il baisse pendant l'autre partie. Ces deux parties ne sont pas égales. Ainsi, au Havre la mer met 2 heures

8 minutes de plus à descendre qu'à monter; la même chose a lieu à Boulogne. A Brest, la différence n'est plus que de 16 minutes.

Cause des marées. — Les anciens n'ont pas connu la cause du phénomène des marées. Ils auraient pu cependant remarquer qu'il se produit deux périodes de flux et de reflux en un jour lunaire, et, par conséquent, que le passage de la Lune au méridien a une relation évidente avec le soulèvement des eaux de la mer. Il est vrai de dire que la haute mer n'a lieu qu'après le passage de la Lune au méridien, ce qui rendait la relation plus difficile à saisir.

Ceux qui savent avec quelle facilité les idées les plus simples échappent souvent à notre esprit, ne seront nullement étonnés de la profonde ignorance des anciens au sujet des marées.

Au surplus, voyons ce que les modernes ont d'abord pensé de ce grand phénomène. Képler a le premier soupçonné la véritable cause du phénomène des marées, c'est-à-dire l'attraction exercée par la Lune sur les eaux de l'Océan. Eh bien! en 1631, un savant, dans un de ses ouvrages, traitait de vision cette idée de Képler. Et pourtant ce savant appartenait à la race des esprits hardis, des intelligences libres. Il s'appelait Galilée!

Dès que Newton eut découvert le principe de l'attraction universelle, il n'eut pas de peine à voir que le phénomène des marées avait pour cause principale l'action de la Lune sur les eaux de la mer. Mais la théorie complète des marées ne devait être donnée que par Laplace.

Il ne sera pas difficile d'en saisir les traits principaux.

Théorie des marées. — La Lune attire l'ensemble de la Terre comme si toute la masse de notre globe était réunie à son centre. Or, quand la Lune est au méridien d'un lieu, elle est plus rapprochée des eaux de ce lieu que du centre de notre globe. Donc, quand la Lune est au méridien d'un lieu, elle attire les eaux de ce lieu plus fortement qu'elle ne fait l'ensemble de la Terre. D'où il résulte nécessairement que ces eaux doivent se soulever par rapport à la Terre. En d'autres termes, la mer doit se gonfler vers la Lune. Il doit y avoir haute mer.

Il doit y avoir également haute mer aux antipodes du lieu précédent, mais pour une raison contraire. Aux antipodes du lieu où la Lune est au méridien, les eaux sont plus éloignées de la Lune que le centre de la Terre. Ces eaux sont donc moins attirées par la Lune que l'ensemble de notre globe. Il en résulte que l'Océan est pour ainsi dire en retard sur la Terre pour se porter vers la Lune. Il y a haute mer.

Etablissement d'un port. — Cette théorie explique bien pourquoi on observe deux hautes mers en chaque lieu pendant un jour lunaire, c'est-à-dire pendant le temps qui s'écoule entre deux passages consécutifs de la Luue au méridien de ce lieu.

Mais il semble que la haute mer devrait se produire au moment même où la Lune est au méridien, tandis qu'en réalité elle est toujours en retard.

Comment expliquer cette circonstance? Par les frottements qu'éprouve la masse liquide, frottements qui tendent à s'opposer au mouvement de la mer et qui ont pour effet de le retarder. Cela est si vrai que le retard dépend de la configuration des côtes et qu'il est quelquefois très différent pour deux ports très voisins. Dans un port donné, ce retard est toujours le même à l'époque des équinoxes au moment d'une nouvelle lune ou d'une pleine lune : ce retard constant s'appelle l'établissement du port. Il est de 6 heures 10 minutes à Saint-Malo et de 3 heures 46 minutes à Brest. A Dunkerque, il atteint 12 heures 13 minutes.

Marées de la pleine Lune. — Tout le monde sait que les marées sont plus fortes à l'époque de la nouvelle lune ou de la pleine lune. Il faut que la théorie rende compte de ce fait.

Il est évident que tous les astres ont, comme la Lune, le pouvoir de soulever les eaux de la mer. A la vérité, l'influence des planètes et de leurs satellites est négligeable, à cause de la grande distance qui les sépare de la Terre. Mais il n'en saurait être de même de l'influence du Soleil, dont la masse énorme compense l'éloignement : l'action de cet astre est, en effet, le tiers de celle de la Lune.

Nous voyons donc que le phénomène des marées est dû à la double influence de la Lune et du Soleil. Or, à la nouvelle lune, notre satellite et le Soleil passent tous deux au méridien à midi. Par conséquent leurs actions s'ajoutent pour soulever la mer, et la marée doit être forte. A l'époque de la pleine lune, notre satellite passe au méridien à minuit et le Soleil à midi, c'est-à-dire que ces deux astres sont aux antipodes l'un de l'autre. Leurs actions s'ajoutent donc encore pour donner une forte marée.

Il n'en saurait être de même à l'époque des quartiers, c'est-à-dire quand une moitié de la Lune est brillante. Alors, en effet, la Lune est en avance ou en retard de six heures sur le Soleil, de sorte que l'action du Soleil contrarie celle de la Lune et en diminue l'effet. Aussi a-t-on une faible marée.

Marées des équinoxes. — Personne n'ignore que les marées des équinoxes, c'est-à-dire du mois de mars et du mois de septembre, sont de beaucoup les plus fortes. Voyons comment la théorie rend compte de ce fait. A l'époque des équinoxes, le

Soleil est dans le plan de l'équateur terrestre et la Lune ne peut pas en être bien éloignée. Or, c'est la position la plus favorable que puissent avoir ces deux astres, pour produire les fortes marées. Pour s'en convaincre, il n'y a qu'à se demander ce qui se passerait si le Soleil et la Lune pouvaient se trouver, un jour, en face de l'étoile polaire; il est évident que, dans ces conditions, on n'observerait aucun mouvement périodique des eaux de la mer.

CHAPITRE XXXIII

A PROPOS DES MARÉES

Une idée de Bernoulli. — Il est à remarquer que les marées les plus fortes, celles de la nouvelle lune et de la pleine lune, n'ont pas lieu au moment indiqué par la théorie, mais seulement un ou deux jours après. L'explication de ce retard est la même que celle du retard de la haute mer. C'est que les effets de l'attraction de la Lune et du Soleil sur les eaux de la mer ne peuvent se transmettre jusque dans nos ports qu'après un temps assez long.

Daniel Bernoulli a essayé d'expliquer ce retard, en admettant que l'attraction mutuelle de deux corps ne se transmettait pas instantanément de l'un à l'autre. D'après lui, si un corps nouveau se trouvait introduit tout d'un coup au milieu du système solaire, son influence ne se manifesterait qu'au bout de quelque temps et non point tout de suite. Et de même, si un corps du système solaire se trouvait subitement anéanti, son action se ferait encore sentir quelque temps après son anéantissement.

La théorie de Daniel Bernoulli n'a jamais été acceptée par les géomètres. Et, d'abord, le retard de la marée maximum peut s'expliquer sans difficulté, indépendamment de toute hypothèse. Il faut reconnaître, en second lieu, que la force d'attraction se transmettrait avec une étrange lenteur, si l'action de la Lune ne se faisait sentir sur notre globe qu'au bout d'un ou deux jours.

Un calcul de Laplace. — Mais de ce que la théorie de Bernoulli, relativement aux marées, se trouve inacceptable, il ne résulte pas que la force d'attraction qui s'exerce entre deux corps se transmette instantanément de l'un à l'autre. Il peut, au contraire, arriver que cette transmission ne se fasse que successivement, avec une vitesse déterminée.

On se rappelle que Laplace a indiqué la déformation de l'orbite terrestre comme étant la cause de l'accélération du mouvement de la Lune. Avant de faire cette découverte, qui d'ailleurs n'explique qu'en partie l'allure de notre satellite, ce géomètre s'était demandé si on ne pourrait point se rendre compte du phénomène, en supposant que les attractions mutuelles des corps, au lieu de faire sentir instantanément leur influence, se transmettent avec une vitesse déterminée. Il était arrivé à ce résultat qu'on pouvait, au moyen de cette hypothèse, rendre compte des troubles du mouvement de la Lune, à la condition de supposer à la transmission des forces attractives une vitesse huit millions de fois plus grande que celle de la lumière. On sait que la lumière vient du Soleil jusqu'à nous en huit minutes environ. La force attractive se serait donc communiquée du Soleil à la Terre en un millionième de minute. Elle se serait transmise du Soleil aux étoiles les plus voisines en un cinquième de minute environ.

Masse de la Lune. — Le phénomène des marées est dû aux actions combinées de la Lune et du Soleil. Par conséquent, en étudiant avec soin ses diverses circonstances, il doit être possible de faire la part de chaque astre; et par là même de déterminer le rapport de leurs masses. Dès lors, comme la masse du Soleil est connue, celle de la Lune s'obtient immédiatement. C'est ainsi, qu'à la suite d'observations aussi nombreuses que délicates faites dans le port de Brest pendant vingt ans, Laplace a pu obtenir la masse de la Lune. On sait que cette masse est environ 1/75 de celle de la Terre.

L'équilibre de l'Océan est stable. — L'équilibre des mers est-il un équilibre stable? La question vaut qu'on l'examine. Supposons, en effet, qu'à la suite de quelque tremblement de terre, les mers soient dérangées de leur position d'équilibre. Si cet équilibre est stable, la masse liquide, après avoir subi quelques oscillations, finira par rentrer dans son lit. Si au contraire cet équilibre est instable, les eaux envahiront tout à coup d'immenses continents. Laplace, le premier, a soumis à une analyse rigoureuse la question de la stabilité de l'équilibre des mers. Il est arrivé au résultat suivant. Pour que l'équilibre des mers soit stable, il faut et il suffit que la densité de leurs eaux soit inférieure à la densité moyenne du globe. Or, nous savons que la matière de notre planète est environ cinq fois plus lourde que les eaux de la mer. Nous pouvons donc être sans inquiétude. Mais nous serions exposés à d'épouvantables déluges si le liquide des mers était du mercure, puisque la densité de ce corps est au moins double de la densité moyenne du globe.

Profondeur des mers. — Les mers sont-elles bien profondes? Il est aisé de répondre à cette question, en se fondant sur un résultat donné par

Clairaut dans sa *Théorie de la figure de la Terre.*

On se rappelle qu'un corps, déplacé depuis le pôle jusqu'à l'équateur, perd 1/289 de son poids. Cette fraction étant représentée comme d'habitude par la lettre grecque qu'on prononce *fi*, Clairaut démontra que si, des 5/2 de ce nombre *fi* on retranche un certain nombre déduit d'observations faites avec le pendule, on trouve l'aplatissement qu'aurait la Terre, si elle était privée de mers et composée de couches homogènes régulières. La valeur de l'aplatissement, ainsi calculée, est égale à 1/310.

D'autre part, le véritable aplatissement moyen de la Terre paraît devoir être représenté par le nombre 1/294.

Comme ces deux nombres diffèrent peu l'un de l'autre, il faut admettre que notre globe est à peu près composé de couches homogènes, et par suite que la profondeur des mers y est peu considérable.

Des marées atmosphériques. — Il est évident que la Lune doit soulever l'air de l'atmosphère comme elle soulève l'eau de l'Océan. Il n'est donc pas possible de nier l'existence des marées atmosphériques. Toute la question est de savoir si ces marées sont sensibles, ou si, déjà faibles par elles-mêmes, elles disparaissent complètement dans les grandes oscillations de notre atmosphère. Il résulte des calculs de Laplace que l'action de la Lune sur l'air qui entoure la Terre est trop faible pour que le baromètre puisse la signaler.

CHAPITRE XXXIV

LES MARÉES SOUTERRAINES

Observations intéressantes. — L'examen d'une question relative à la physique du globe va nous conduire à concevoir des marées d'une nouvelle espèce.

L'expérience prouve que, sous le sol, en tout point dont la profondeur est supérieure à trente mètres, la température reste la même toute l'année. Mais, cette température, invariable avec les saisons, varie avec la profondeur, et augmente d'environ un degré centigrade chaque fois qu'on descend de trente mètres. On a pu s'en assurer, en pénétrant dans les mines et en creusant les puits artésiens.

Tels sont les faits. Voici les théories :

Théorie de Fourier. — Fourier se dit : puisque la température s'élève rapidement à mesure qu'on descend sous le sol, elle doit atteindre bientôt trois mille degrés. Or, à trois mille degrés, tous les corps connus sont à l'état liquide ou gazeux.

Par conséquent, la Terre n'est autre chose qu'une masse en fusion, recouverte d'une croûte solide assez mince.

Examen de cette théorie. — La théorie de Fourier s'accorde avec cette hypothèse que les astres ont été tout d'abord fluides. D'après ce géomètre, la Terre a été à l'origine une masse fluide incandescente. Les couches superficielles se sont refroidies les premières. Ces couches sont alors devenues solides, tandis que le noyau central est resté en fusion. Voilà pourquoi la température s'élève à mesure qu'on descend dans une mine. Voilà pourquoi certaines eaux thermales, sorties des couches profondes du sol, arrivent à fleur de terre, à une température de cinquante degrés.

Marées intérieures. — Si on accepte les idées de Fourier, on est forcé d'admettre qu'il s'est formé un vide entre la croûte solide du globe et la masse liquide qui est à l'intérieur; que la croûte tourne autour du noyau en fusion comme les anneaux de Saturne font autour de leur planète; qu'enfin la lave de ce noyau, soumise comme les eaux de l'Océan à l'attraction de la Lune et à celle du Soleil, doit éprouver ce mouvement périodique qui constitue le phénomène des marées.

Théorie de Poisson. — La théorie de Fourier a été attaquée par Poisson. Ce géomètre admet, comme tous les savants, que les corps célestes ont été fluides à l'origine. Mais il prétend que les parties centrales sont devenues solides les premières. Pour lui, la Terre actuelle est une masse compacte; la chaleur des sources thermales et les phénomènes volcaniques ne sont que des effets de réactions chimiques purement locales; notre globe n'a pas de chaleur interne qui lui soit propre.

De quelle manière Poisson parvient-il à concilier ses idées avec l'accroissement de température que l'on constate à mesure que l'on pénètre dans les couches profondes du sol? Le voici. On sait, à n'en plus douter, dit l'illustre géomètre, que le Soleil se meut dans l'espace, entraînant avec lui son cortège de planètes et de satellites. Le système solaire, après avoir traversé des régions chaudes, se trouve maintenant dans des régions froides. La Terre, qui avait fait provision de chaleur, en perd maintenant. Voilà pourquoi les couches profondes sont à une température plus élevée que les couches superficielles.

LIVRE VII

La rotation de la Terre.

CHAPITRE XXXV

LES POLES DE LA TERRE

Un bouleversement possible. — Les divers corps célestes, tout en se déplaçant à travers l'espace, doivent, en vertu des lois de la mécanique, tourner en même temps sur eux-mêmes. Nous allons étudier ce mouvement de rotation, en choisissant naturellement pour exemple le globe terrestre.

La Terre tourne sur elle-même, en un jour, autour d'une ligne idéale qui passe par son centre, la traverse de part en part, et la perce en deux points qu'on appelle les pôles terrestres. Cette rotation, qui nous entraîne avec une vitesse effrayante, a pour effet de faire passer successivement devant nos yeux, en vingt-quatre heures, toutes les parties du ciel; et c'est ainsi que se produit la succession des jours et des nuits.

La ligne idéale autour de laquelle se produit la rotation diurne de notre globe, perce-t-elle toujours la Terre aux mêmes points? En d'autres termes, les pôles de la Terre sont-ils fixes, ou se déplacent-ils à sa surface?

La question vaut qu'on l'examine.

Supposons, en effet, que les pôles puissent se déplacer sensiblement à la surface de la Terre. Par là même, des pays tempérés seront condamnés à être envahis tôt ou tard par les glaces polaires.

Mais un déplacement considérable des pôles aurait une conséquence encore plus redoutable. On sait, en effet, d'après toutes les triangulations qui ont été faites, que notre globe est aplati en deux points diamétralement opposés et voisins des pôles actuels.

Supposons dès lors que les pôles puissent subir un déplacement considérable et que, dans la suite des siècles, l'un d'eux vienne à se trouver près de Paris. Alors le globe terrestre aurait une tendance à changer de forme. Il tendrait à s'aplatir à Paris et aux antipodes de cette ville. Sans doute, à cause de la résistance des matériaux, la partie solide de notre globe conserverait peut-être sa forme pendant quelque temps.

Mais les océans prendraient une nouvelle forme d'équilibre, et envahiraient la plupart des villes situées le long du nouvel équateur. On peut même affirmer que les parties solides de notre globe n'étant désormais en équilibre que grâce à leur solidité même, éprouveraient des bouleversements continuels.

Impuissance de la géographie. — Il semble tout d'abord que la question que nous avons posée, relève de la géographie. En effet, d'après la manière dont on détermine la latitude d'une ville, cette latitude dépend de la place des pôles au moment de l'opération. Et dès lors, n'est-il pas évident que, si les pôles sont mobiles, les ingénieurs géographes des divers siècles doivent trouver des nombres différents pour la latitude d'une même ville? Malheureusement, la géographie de précision ne date que d'hier; de telle sorte qu'on ne connaît convenablement que les latitudes mesurées par les modernes.

Tout ce que nous apprend la géographie, c'es que, d'après la forme générale que de nombreuses triangulations ont assignée à la Terre, notre globe est aplati en deux points diamétralement opposés, qui sont voisins des pôles actuels.

Il résulte de là que, si les pôles se déplacent, on peut néanmoins affirmer qu'à l'époque où la Terre devint solide, ils avaient à peu près la même position qu'aujourd'hui.

Mais la mécanique céleste a tiré de ce même fait une conséquence plus précise, savoir que les pôles terrestres ne peuvent pas subir de déplacements considérables.

Calculs de Laplace et de Poisson. — Ce problème de mécanique céleste a été étudié par Laplace et par Poisson. Comme nous l'avons déjà dit, ces deux géomètres ont pris pour point de départ de leur étude deux faits qui relèvent de l'observation, savoir : 1° que la Terre est aplatie en deux points diamétralement opposés; 2° que les pôles actuels sont voisins de ces points. Ils sont ainsi parvenus à démontrer que les pôles n'ont jamais pu et ne pourront jamais s'écarter notablement de leur position actuelle.

A la vérité, l'analyse de ces deux géomètres suppose que la Terre est solide et invariable de forme, en sorte que la présence des Océans sur notre globe semblerait de nature à infirmer les conclusions de cette analyse. Il n'en est rien cependant; par la raison que la profondeur moyenne des mers ne dépasse pas un kilomètre, tandis que le bourrelet solide qui constitue le renflement de notre globe le long de l'équateur a une épaisseur de vingt kilomètres. Ainsi, malgré la mobilité des mers, la forme générale de notre globe doit être considérée comme à peu près inaltérable.

Si on remarque, en outre, que les parties mobiles du globe, c'est-à-dire les eaux, ont une densité bien inférieure à la densité des parties solides, on comprendra sans peine que l'influence des Océans peut être ici négligée, et que l'analyse de Laplace, comme celle de Poisson, est certainement applicable à notre planète.

Poinsot. — Ainsi, dès le commencement de ce siècle, les géomètres étaient pleinement rassurés contre les dangers qui devaient résulter d'un déplacement des pôles. Néanmoins, ils ne pouvaient se tenir satisfaits. Au point de vue de la science pure, le problème ne pouvait être considéré comme entièrement résolu, tant qu'on ignorait si les pôles de la Terre étaient *absolument* invariables.

C'est alors que Poinsot, sans avoir recours à l'analyse, par des considérations de géométrie pure, aussi délicates qu'ingénieuses, parvint à établir que chaque pôle décrit chaque jour, autour d'un point absolument fixe de notre globe, une circonférence dont le rayon n'a pas plus de quelques centimètres.

CHAPITRE XXXVI

LA DURÉE DU JOUR SIDÉRAL

Une question intéressante. — Il résulte des observations astronomiques que le mouvement de rotation de la Terre autour de son axe est à peu près rigoureusement uniforme; c'est-à-dire que les changements qui peuvent survenir dans sa vitesse sont trop lents pour être constatés, quand on se renferme dans une période de deux ou trois cents ans.

Il importe de savoir si ces changements, tout lents qu'ils sont, peuvent devenir sensibles en s'accumulant pendant une longue suite de siècles. En effet, les astronomes prennent pour unité de temps la durée du jour sidéral, c'est-à-dire le temps que met la Terre à faire un tour complet sur elle-même; de telle sorte qu'ils ont intérêt à connaître *avec une extrême précision* les variations appréciables que cette durée fondamentale est susceptible de subir.

Mais les astronomes ne sont pas seuls intéressés à la question.

Supposons en effet qu'il suffise d'une cinquantaine de siècles pour amener dans la vitesse de rotation de la Terre un changement sensible. Il pourra arriver par là même, que cette vitesse se trouve profondément modifiée au bout d'un million de siècles; de telle sorte que la durée du jour soit complètement altérée. Or un tel événement serait gros de menaces pour les habitants de notre planète.

Demandons-nous par exemple ce qui se passerait si jamais le jour devenait trente fois plus court qu'il n'est aujourd'hui. Tous les corps de la zone torride et des zones tempérées qui ne sont pas solidement fixés au sol seraient lancés dans l'espace du côté de l'est et deviendraient des satellites de la Terre. Les animaux, obligés de se réfugier dans les régions polaires, y périraient de froid et de faim. Enfin les mers, s'enflant de plus en plus vers l'équateur, se détacheraient sans doute en anneau; et cet anneau circulerait autour de notre globe comme les anneaux de Saturne circulent autour de cette planète.

Et, si la Terre tournait de plus en plus vite, si la durée du jour ne cessait pas de diminuer, les continents eux-mêmes, déjà dépeuplés par la force centrifuge, seraient rongés par elle. *Notre globe s'en irait en poussière.*

Réponse de la mécanique. — On voit par là combien il importe de savoir si, pendant une période de quelques siècles, la durée du jour peut varier d'une manière appréciable. La mécanique céleste a répondu à cette question. Laplace et Poisson ont reconnu que l'attraction newtonienne est incapable d'altérer sensiblement la durée du jour.

Laplace a même poussé les précautions jusqu'à prouver qu'un tremblement de terre ne peut en aucune façon modifier la vitesse de rotation de notre globe.

Vérification astronomique. — L'astronomie, sans conduire à des résultats aussi précis, permet du moins de contrôler les conclusions de la mécanique céleste. Voici comment. Les observations astronomiques nous apprennent quelle est en moyenne la marche de la Lune sur son orbite, pendant que la Terre fait un tour sur elle-même, c'est-à-dire pendant le jour sidéral actuel. D'autre part, les annales de l'astronomie grecque et arabe nous disent quelle était la marche moyenne de la Lune, pendant un jour sidéral d'autrefois. Eh bien! en comparant les deux résultats, et en tenant compte de l'accélération du moyen mouvement de la Lune, on arrive à se convaincre que, depuis deux mille ans, la durée du jour sidéral n'a pas changé d'une manière appréciable, ou, en d'autres termes, que vingt siècles se sont écoulés sans que la vitesse de rotation de la Terre ait été sensiblement modifiée.

CHAPITRE XXXVII

UNE REMARQUE DE DELAUNAY

Le mouvement de rotation de la Terre est ralenti. — Quand Laplace et Poisson ont démontré que la durée du jour sidéral est inaltérable, ils ont supposé, dans leur analyse, que notre globe est solide et de forme invariable; tandis qu'en réalité il est en grande partie recouvert par les Océans, dont les marées altèrent sans cesse la courbure. Nous allons prouver que le soulèvement périodique des eaux de l'Océan a pour effet de ralentir le mouvement de rotation de la Terre, et par suite d'augmenter la durée du jour.

Nous remarquerons d'abord que l'Océan n'est pas soulevé juste au point qui a la Lune au Méridien. En effet, ce soulèvement, à cause du frottement des eaux, ne peut se faire d'une manière instantanée. Ainsi la proéminence liquide se trouve à chaque instant, non au point du globe où la Lune est au Méridien, mais un peu à l'est de ce point. Il en résulte que la Lune, en attirant cette proéminence, tend à gêner la rotation de la Terre et en ralentit nécessairement la vitesse. A la vérité, l'effet inverse se trouve produit sur la proéminence liquide qui est aux antipodes de la première.

Mais cet effet est moindre, à cause de la distance, qui est plus grande, et par suite nos conclusions ne sont pas infirmées. Ainsi le mouvement de rotation de la Terre se ralentit peu à peu et la durée du jour augmente par cela même.

C'est à Delaunay que revient le mérite d'avoir établi que cette action exercée par les marées n'est nullement négligeable, et qu'elle fait augmenter la durée du jour *d'une seconde tous les cent mille ans.* D'après cela, la durée du jour n'a probablement pas varié d'une minute depuis que notre globe porte des êtres susceptibles d'être appelés hommes, tels que ceux qui ont pour type le squelette de Néanderthal. On sait que les hommes antérieurs, ceux de l'époque tertiaire, tenaient le milieu entre les hommes actuels et les grands singes anthropoïdes.

Delaunay a fait remarquer en outre que, si la Lune attire chacune des proéminences liquides de notre globe, en revanche, par un effet de réaction inévitable, elle est attirée par chacune d'elles. Ces dernières attractions ont pour effet d'accélérer le mouvement de la Lune sur son orbite, et aussi de réduire les dimensions de cette orbite. C'est peut-être par elles qu'on pourra expliquer complètement cette accélération du mouvement de la Lune, qui semble défier les géomètres et qui leur fait craindre la chute de notre satellite sur notre globe.

Quoi qu'il en soit, nous voyons que le phénomène des marées provoque, comme conséquences nécessaires, les trois phénomènes suivants :

1° La rotation de la Terre est de plus en plus lente, de telle sorte que la durée du jour augmente d'une seconde tous les cent mille ans;

2° La Lune marche de plus en plus vite le long de son orbite;

3° Les dimensions de cette courbe diminuent sans cesse.

Ce que l'avenir nous réserve. — Il est facile de prévoir ce qui arriverait si les eaux de l'Océan conservaient indéfiniment leur mobilité. La Terre et la Lune, dont la première tourne sur elle-même en un jour, tandis que l'autre décrit son orbite entière en 27 jours, finiraient par aller du même pas. Ce moment venu, la Lune serait du matin au soir au méridien d'une même ville, de sorte qu'elle ferait gonfler l'Océan le long de ce méridien d'une manière permanente. En un mot il n'y aurait plus de marées périodiques. Resterait, il est vrai, les faibles marées produites par le Soleil; mais, comme les proéminences liquides soulevées par cet astre seraient tantôt à l'Est et tantôt à l'Ouest de la Lune, leur action sur notre satellite détruirait d'elle-même ses propres effets; et semblablement la réaction de la Lune sur ces proéminences liquides corrigerait d'elle-même les altérations qu'elle introduirait dans la vitesse de rotation de la Terre.

Quant à l'action mutuelle du Soleil et des proéminences liquides, elle se neutraliserait elle-même à chaque instant, parce que les deux proéminences situées aux antipodes l'une de l'autre, sont pour ainsi dire rigoureusement placées à la même distance du Soleil, vu l'énorme intervalle qui nous sépare de cet astre.

Ainsi, si les eaux de l'Océan conservaient indéfiniment leur mobilité, la Lune, marchant toujours plus vite, et la Terre, tournant toujours plus lentement, finiraient par se régler exactement l'une sur l'autre. A partir de ce moment, la Lune serait toujours au méridien d'une même ville, il n'y aurait plus d'autres marées que les marées solaires, la durée du jour cesserait d'augmenter, celle de la révolution de la Lune cesserait de diminuer; enfin, notre satellite, conservant désormais une orbite invariable, cesserait de se rapprocher de la Terre et ne la menacerait plus de sa chute.

Mais il est peu probable que les choses viennent à ce point. En effet, la durée de la rotation de la Terre ne pourrait devenir égale à la durée de la révolution de la Lune qu'au bout de plusieurs millions de siècles. Or, avant qu'une telle période de temps se soit écoulée, la chaleur du Soleil aura diminué sensiblement, la Terre sera refroidie; les Océans ne seront plus qu'une masse compacte de glace, la marée solaire et la marée lunaire seront par là même supprimées, et avec elles, les troubles qu'elles provoquent dans les mouvements de la Terre et de la Lune. C'est donc le froid qui rétablira l'ordre dans notre monde sublunaire. La nature, elle aussi, fait de l'ordre à sa manière. Les grands politiques doivent se trouver bien petits à côté d'elle.

CHAPITRE XXXVIII

VITESSE DE REFROIDISSEMENT DE LA TERRE ET DU SOLEIL

La Terre perd de la chaleur. — Quand on songe à l'admirable équilibre du système solaire, on est conduit à conclure que les espèces vivantes qui peuplent notre globe ne seront détruites que par le froid. Il est donc intéressant de se demander quelle est la vitesse de refroidissement de la Terre et du Soleil.

On sait que sous le sol, au delà d'une certaine profondeur, la température reste la même toute l'année. On sait aussi que cette température, invariable avec les saisons, varie avec la profondeur, et qu'elle augmente d'un degré centigrade chaque fois que l'on descend de 30 mètres. Il résulte de ces faits que *la Terre perd actuellement de la chaleur qui ne vient pas du Soleil.*

Poisson croit que cette perte de chaleur n'est qu'accidentelle. Mais la plupart des géomètres et des physiciens pensent qu'elle est permanente. Pour eux la Terre, d'abord incandescente et fluide, puis refroidie et durcie à sa surface, a conservé dans ses flancs une énorme quantité de chaleur : c'est cette *chaleur d'origine* qui se perd dans l'espace, après avoir traversé les couches superficielles de la Terre.

Une prédiction de Buffon. — Cette déperdition de chaleur est-elle considérable? Buffon, entraîné par son imagination de naturaliste, croyait qu'elle était énorme. Il estimait qu'en France, la chaleur qui s'échappe de l'intérieur de la Terre, était, suivant la saison, de vingt-neuf à quatre cents fois plus forte que celle qui nous vient du Soleil. Il concluait de là que la chaleur solaire ne contribuait que faiblement à entretenir la vie sur notre globe; que la chaleur terrestre, qui se perd dans l'espace après avoir traversé le sol, était seule capable d'avoir de tels effets; que cette chaleur, dont la déperdition était si rapide, tendait à s'épuiser à bref délai, et que, par conséquent, *notre globe marchait à une congélation aussi prochaine qu'inévitable.*

Un calcul de Fourier. — Le calcul ne tarda pas à faire justice de ces fantaisies. Fourier montra qu'il était possible d'évaluer la quantité de chaleur perdue par la Terre dans un temps donné : il n'y avait qu'à se fonder sur ce fait, que la température des couches profondes du sol augmente d'un degré centigrade toutes les fois que l'on descend de trente mètres. Faisant l'application de sa méthode, ce géomètre prouva que cette quantité de chaleur était très faible et que son influence se réduisait à augmenter d'un trentième de degré centigrade la température des couches superficielles du sol.

Vitesse de refroidissement du Soleil. — Il est

donc bien établi que la Terre ne perd sa chaleur intérieure qu'avec une extrême lenteur, et que par conséquent la température des couches superficielles du sol résulte à peu près exclusivement de la chaleur solaire. Ainsi c'est bien le Soleil qui entretient la vie à la surface de notre globe. Tant que cet astre nous versera à flots sa chaleur bienfaisante, nous n'aurons pas à redouter la congélation de notre planète.

Mais les soleils s'épuisent et s'éteignent. Aucun de ces astres ne peut se soustraire à cette loi fatale. Celui qui nous éclaire est condamné à se refroidir un jour. Cet événement, qui sera le signal de la congélation de la Terre, est-il encore bien éloigné?

La mécanique céleste va nous permettre de répondre à cette question.

En effet, puisque la chaleur dont nous ressentons l'heureuse influence nous vient presque exclusivement du Soleil, toute diminution du pouvoir rayonnant de cet astre doit se traduire par une diminution de la température de la Terre. Or, tout abaissement survenu dans la température de notre globe doit avoir pour effet de réduire ses dimensions, et par suite, d'après une loi de mécanique appelée principe des aires, d'accélérer sa rotation. Nous voyons par là que tout affaiblissement du rayonnement solaire doit se manifester par une accélération de la rotation de la Terre. Nous avons vu, d'autre part, que, depuis deux mille ans, la vitesse de la rotation de la Terre n'avait point changé d'une manière appréciable. Nous voilà donc forcés de conclure que, durant cette longue période, le rayonnement du Soleil n'a pas sensiblement diminué. Ainsi, notre Soleil ne donne pas encore de signes d'épuisement, et la température moyenne de la Terre varie à peine d'un siècle à l'autre. D'après Laplace, cette température n'a même pas baissé d'un centième de degré centigrade depuis deux mille ans! Ainsi, en supposant qu'il se soit écoulé un million d'années depuis l'époque des haches de silex de Saint-Acheul et de l'homme fossile de Néanderthal, la température de notre globe n'aurait pas baissé de cinq degrés centigrades depuis cette époque reculée.

CHAPITRE XXXIX

UN ÉTRANGE PHÉNOMÈNE

La rotation de la Lune. — Tout ce qui a été dit de la rotation de la Terre, s'applique également à tous les astres du système solaire. Mais la Lune offre une particularité bien extraordinaire.

On sait que la Lune décrit son orbite autour de la Terre en vingt-sept jours environ. Eh bien! elle tourne en même temps sur elle-même dans le même sens; et, circonstance étonnante, la durée de sa rotation est exactement égale à celle de sa révolution, en sorte que *cet astre nous présente toujours la même face*. C'est ce qu'il est facile de remarquer, en comparant les anciennes cartes de la Lune aux photographies les plus récentes.

Le calcul des probabilités ne permet pas d'admettre que cette égalité rigoureuse entre la durée de la rotation et celle de la révolution soit un *effet du hasard*. Il fallait donc chercher la cause de ce phénomène. C'est ce qu'a fait Lagrange.

Explication de Lagrange. — A l'origine, la masse de la Lune était fluide. Comme la Lune soulève nos Océans et donne lieu aux marées, ainsi la

Terre soulevait la masse fluide de la Lune et tendait à produire des marées à la surface de notre satellite.

Il est impossible d'admettre que la rotation de la Lune sur elle-même durait juste autant que sa révolution autour de la Terre, c'est-à-dire vingt-sept jours. On ne peut donc faire que deux hypothèses. Ou elle durait moins ou elle durait plus.

Prenons la première hypothèse. La rotation étant plus rapide que la marche, la Lune tendait à dérober à la vue d'un observateur le bord qui était à droite de ce dernier, la proéminence liquide soulevée par la Terre dans la masse lunaire, au lieu d'être au milieu de la Lune, était un peu à droite, et l'attraction de la Terre sur cette proéminence tendait à ralentir la rotation de la Lune. Ainsi la durée de la rotation de la Lune sur elle-même tendait à devenir égale à la durée de sa révolution autour de notre globe.

Prenons l'hypothèse inverse. La Lune tendait à dérober à un observateur le bord qui était à gauche de celui-ci, la proéminence liquide de la Lune était un peu à gauche du milieu de cet astre, et l'attraction de la Terre sur cette proéminence tendait à accélérer la rotation de la Lune. Ainsi la durée de la rotation de la Lune sur elle-même allait en augmentant et tendait à devenir égale à la durée de la révolution de notre satellite autour de la Terre.

La conclusion est donc la même dans les deux hypothèses.

Supposons dès lors que lorsque la Lune s'est détachée de la Terre, la durée de sa rotation ait été peu différente de la durée de sa révolution autour de la Terre, c'est-à-dire 27 jours. Au bout d'un certain nombre de siècles, ces deux durées sont devenues égales; à partir de ce moment la Lune a tourné toujours la même face vers la Terre, sa proéminence liquide a toujours été au milieu de son disque. En d'autres termes, il n'y a plus eu de marées dans la Lune.

C'est alors que la masse de la Lune, se refroidissant peu à peu, sera devenue pâteuse, puis solide, en conservant une forme bombée au milieu du disque qu'elle nous montre et aussi au milieu du disque qu'elle nous cache.

A cause de cette forme, les inégalités séculaires de la marche de la Lune sur son orbite s'introduisent dans son mouvement de rotation. Ce dernier fait a été établi par Laplace. Il en résulte que *jamais* la Lune ne tournera vers la Terre la partie de sa surface qui, actuellement, est invisible pour nous.

Retour à la Terre. — Après avoir examiné cette particularité de la Lune, nous allons poursuivre l'étude de la rotation des corps célestes sur eux-mêmes, en prenant encore la Terre comme exemple.

Ces mouvements de la Terre, outre l'intérêt qu'ils ont pour tous les hommes, ont une extrême importance pour l'astronomie. En effet, nos observatoires y prennent part, d'où il suit qu'on ne peut interpréter les résultats donnés par les instruments, qu'en connaissant à fond les divers mouvements de la Terre et leur influence sur les observations astronomiques.

LIVRE VIII

La Précession des équinoxes.

CHAPITRE XL

PRÉCESSION DES ÉQUINOXES

L'axe du Monde. — On a vu que la Terre tourne sur elle-même en vingt-quatre heures autour d'un axe qui passe par son centre et la perce en deux points invariables qu'on appelle ses pôles. Cet axe n'est évidemment qu'une ligne géométrique, c'est-à-dire idéale. Mais, pour venir en aide à notre imagination, nous le considérerons comme une broche matérielle traversant la Terre de part en part et prolongée indéfiniment dans les cieux.

Comme nos sens ne peuvent en aucune façon nous avertir du mouvement direct dans lequel la Terre nous entraîne, il nous semble que tous les astres du Ciel ont un mouvement en sens inverse et font un tour complet en un jour. Considéré au point de vue de ce *mouvement apparent*, l'axe de rotation de la Terre est un axe autour duquel tout l'univers visible semble tourner chaque jour. Aussi l'appelle-t-on souvent l'*axe du monde*. Mais il ne faut pas oublier que ce grand mot désigne tout simplement la broche hypothétique autour de laquelle tourne notre modeste globe.

Mouvement de la toupie. — Pour bien concevoir les divers mouvements de la Terre, il n'y a qu'à observer une toupie bien lancée.

Premièrement, la pointe de la toupie décrit une courbe sur le sol. C'est ainsi que la Terre décrit tous les ans son orbite autour du Soleil.

En second lieu, la toupie tourne sur elle-même avec une grande vitesse autour de la ligne qui va de la pointe à sa queue. De la même manière la Terre tourne sur elle-même en vingt-quatre heures autour de la broche qui la perce en ses pôles.

Mais ce n'est pas tout. Un observateur attentif s'aperçoit que l'axe de la toupie, c'est-à-dire la ligne qui joint sa pointe à sa queue, ne conserve pas toujours la même direction, mais qu'il subit un mouvement très lent, en sens inverse du mouvement de rotation de la toupie. Nous voilà conduits à admettre que la broche autour de laquelle tourne la Terre n'est pas toujours dirigée vers les mêmes étoiles du Ciel, mais que, semblable à un crayon gigantesque, elle trace lentement une courbe séculaire à travers les étoiles qui peuplent l'étendue.

C'est ce troisième mouvement de la Terre qui nous reste à étudier. C'est lui qui est cause du phénomène de la précession des équinoxes, découvert par le plus grand astronome de l'antiquité, je veux dire Hipparque.

Déplacement des pôles célestes. — La broche autour de laquelle tourne la Terre, va percer le Ciel en deux points appelés pôles célestes. Actuellement celui de ces pôles qui est visible de l'hémisphère nord de la Terre, est très voisin de l'étoile *Alpha de la petite Ourse*, que, pour ce motif, on appelle étoile polaire. Aussi cette étoile nous paraît-elle fixe dans le Ciel, tandis que toutes les autres semblent décrire des cercles autour d'elle en vingt-quatre heures.

A cause du déplacement des pôles célestes à travers le Ciel, l'étoile polaire ne sera pas toujours *Alpha de la petite Ourse*, et ces étoiles polaires successives marqueront, dans le Ciel, la route suivie par le pôle céleste et la vitesse du déplacement de ce pôle. C'est ainsi que l'on peut étudier le mouvement séculaire des pôles célestes.

Quelle est la nature de ce mouvement? Pour s'en bien rendre compte, il est nécessaire d'avoir dans le Ciel un point fixe, auquel on rapportera les déplacements du pôle.

On sait que le plan de l'orbite terrestre n'éprouve que des oscillations extrêmement lentes et renfermées dans d'étroites limites. Son déplacement n'est même pas d'une minute d'angle par siècle. On peut donc regarder ce plan comme conservant une orientation invariable. Il en résulte qu'une perpendiculaire à ce plan va percer le Ciel en deux points que l'on peut regarder comme absolument fixes. On appelle ces points les pôles de l'orbite terrestre.

Or, l'observation montre que le pôle céleste, en se déplaçant à travers les étoiles du Ciel, demeure toujours à la même distance de ce point fixe et décrit un cercle autour de lui en vingt-six mille ans. Les étoiles situées sur ce cercle sont, à tour de rôle, étoiles polaires. Depuis Hipparque (127 ans avant notre ère), le pôle céleste n'a pas encore décrit la treizième partie de son cercle. Mais, depuis l'homme fossile de la période quaternaire, le cercle entier a été décrit un grand nombre de fois.

CHAPITRE XLI

TENTATIVE DE NEWTON

De la force qui fait déplacer les pôles célestes. — On a vu que la Terre a un triple mouvement.

Premièrement, elle décrit tous les ans son orbite autour du Soleil. Ce mouvement a pour cause l'attraction que le Soleil exerce sur notre globe.

Secondement, elle tourne sur elle-même en un jour. Ce mouvement, étant uniforme, persistera indéfiniment, sans l'intervention d'aucune force.

Enfin la broche autour de laquelle elle tourne change de direction dans l'espace, ce qui se traduit par le déplacement des pôles célestes et par le phénomène de la précession. Nous devons nous demander quelle est la force qui produit ce dernier mouvement.

On sait que la Terre est aplatie à ses pôles ; ou, si l'on aime mieux, qu'elle est entourée d'un bourrelet le long de son équateur. D'autre part, le plan de l'équateur terrestre ne passe par le Soleil qu'à l'époque des équinoxes, c'est-à-dire au mois de mars et au mois de septembre.

Il est clair maintenant que l'attraction exercée par le Soleil sur le bourrelet de la Terre, a une tendance à orienter vers le Soleil le plan de l'équateur terrestre. Ce plan change donc de direction, entraînant dans son mouvement la Terre et la broche autour de laquelle elle tourne. De là le déplacement des pôles célestes.

Si la Terre était une sphère parfaite, le Soleil n'aurait aucune tendance à orienter le plan de son équateur.

Si la Terre avait sa forme aplatie, et si le plan de son équateur coïncidait avec le plan de l'orbite qu'elle décrit autour du Soleil, ce dernier astre, au lieu de chercher à modifier l'orientation de l'équateur terrestre, tendrait à maintenir cette orientation invariable.

Dans l'un et l'autre cas, les pôles célestes seraient fixes. Il n'y aurait pas précession.

Théorie de Newton. — Newton vit du premier coup que l'attraction du Soleil sur le bourrelet terrestre était la cause de la précession.

Restait à traiter le problème de mécanique céleste, c'est-à-dire à tenir compte de l'action du Soleil sur la partie renflée de notre globe, et à déduire de cette action toutes les circonstances du déplacement des pôles célestes.

Pour aborder ce problème difficile, Newton considère le bourrelet qui entoure la Terre, le long de son équateur, comme composé d'une file de satellites.

Cette solution du problème est fort ingénieuse. Laplace, qui la discute en détail, la déclare exacte. Malheureusement Newton, guidé par de fausses considérations, se trompe sur la valeur d'un nombre qui est un élément important du problème. Aussi arrive-t-il à une conclusion inexacte : le résultat donné par ses calculs n'est que la moitié de celui que donne l'observation.

Ainsi, l'auteur des *Principes* n'a pu résoudre complètement le problème de la précession.

Découverte de Bradley. — Les géomètres du XVIIIe siècle n'avaient encore rien publié sur cette matière, quand un observateur anglais, Bradley, découvrit le phénomène de la *nutation* (1748). Voici en quoi consiste ce phénomène. Le cercle que décrit le pôle céleste n'est pas régulier, mais festonné.

Chaque petit feston est décrit en dix-huit ans, d'un mouvement irrégulier. Mais tous les dix-huit ans, le mouvement se reproduit sur le feston suivant, identique à lui-même.

A quelle force faut-il attribuer le phénomène de la nutation? Considérons, d'une part, que la Lune doit faire dévier l'axe de la Terre, au même titre que le Soleil, quoique d'une manière moins sensible. Remarquons, en second lieu, que la période de la nutation a une durée de dix-huit ans, tout comme la révolution complète des nœuds de la Lune. Dès lors, il sera difficile de ne pas attribuer la nutation à l'attraction qu'exerce la Lune sur la partie renflée de la Terre.

Ainsi l'action du Soleil produit la précession, et l'action de la Lune introduit dans la précession une inégalité périodique appelée *nutation*.

C'était là l'opinion de Bradley. Mais, la nutation étant très faible, il fallait une analyse délicate pour la déduire du principe de l'attraction.

CHAPITRE XLII

D'ALEMBERT

Traité de la précession des équinoxes. — Le problème de la précession, dont Newton n'avait pu trouver la solution, passait presque pour insoluble, lorsqu'un vitrier, en faisant sa tournée dans les environs de l'église Notre-Dame, recueillit un enfant trouvé sous le porche de l'église de Saint-Jean-le-Rond. Généreuse inspiration, peu rare chez ceux qui souffrent, et qui devait avoir les plus heureuses conséquences!

Cet être chétif, adopté par un pauvre vitrier, devint bientôt un homme; et cet homme fut l'un des plus grands géomètres des temps modernes, enrichit l'analyse mathématique de méthodes aussi fécondes qu'élégantes, ramena la mécanique tout entière à un seul principe, étudia la théorie des perturbations et celle de la forme des corps célestes, résolut le problème de la précession, que Newton n'avait pu résoudre, écrivit la préface de l'Encyclopédie, prépara la ruine de toutes les superstitions, et, pour tout dire en un mot, fut un des précurseurs de la Révolution. Il s'appela d'Alembert!

Quand il fut devenu célèbre, sa mère, madame de Tencin, voulut le reconnaître. Mais lui ne reconnut jamais d'autre mère que celle qui l'avait soigné, l'humble femme du pauvre vitrier.

Nous avons parlé ailleurs des travaux de d'Alembert relatifs au problème des trois corps, et à la forme des corps célestes. C'est ici le lieu d'entretenir le lecteur de son traité de la précession des équinoxes.

Solution du problème. — Le traité de la précession des équinoxes donnait la solution complète du problème de la précession. D'Alembert, tenant compte des attractions exercées par le Soleil et par la Lune sur le bourrelet équatorial de la Terre, déterminait dans ses détails les changements d'orientation du plan de l'équateur terrestre et les déplacements qui devaient en résulter pour les pôles célestes.

Il trouvait ainsi, comme conséquences de ces attractions, non seulement le grand mouvement du pôle céleste qui dure vingt-six mille ans, mais aussi l'inégalité de dix-huit ans connue sous le nom de nutation et plusieurs autres inégalités périodiques de moindre importance que l'observation n'avait pas encore révélées.

Inégalités séculaires de la précession. — Le phénomène de la précession, non content d'éprouver des inégalités périodiques, telles que la nutation, est soumis à des inégalités séculaires.

Et d'abord le rayon du cercle, décrit par le pôle céleste en vingt-six mille ans, varie à travers les siècles avec une extrême lenteur. En 1850, ce rayon correspondait à un angle de 23 degrés 27 minutes 32 secondes. Depuis lors, il diminue chaque année d'environ un vingtième de seconde, ce qui fait une minute en 1200 ans. Cette diminution se continuera pendant des siècles. Mais, avant que le cercle soit trop rétréci, le rayon se mettra à augmenter. La grandeur de ce cercle oscillera donc éternellement autour d'une moyenne. Laplace a prouvé que les variations de son rayon n'atteindront jamais trois degrés.

Ce n'est pas tout encore. Le centre de ce cercle n'est pas absolument fixe dans le Ciel. Il s'y déplace très lentement et ne s'écarte jamais que fort peu d'une position moyenne absolument invariable.

Influence de l'Océan. — Restait à examiner si es parties mobiles de notre globe, savoir l'eau et l'air, n'avaient point une influence sur le phénomène de la précession. C'est ce que fit Laplace. Ce géomètre établit que tout devait se passer comme si la mer et l'atmosphère formaient, avec la Terre, une seule masse solide.

Une question d'histoire. — Quelque temps après l'apparition du traité de d'Alembert, Euler publiait une solution du problème de la précession des Equinoxes. Le travail d'Euler n'était rien moins qu'original. D'Alembert, en effet, avait donné dans son Traité deux solutions différentes du problème de la précession; la première, très complète et très savante, la deuxième, beaucoup plus simple, mais aussi moins précise. C'est cette seconde solution qu'Euler publiait, en la modifiant légèrement. Mais Euler avait-il, du moins, découvert à nouveau cette méthode élémentaire? Non. Ce géomètre a reconnu lui-même qu'il n'a fait son travail qu'après avoir lu le Traité de d'Alembert.

C'est donc un géomètre français qui seul a résolu le difficile problème de la précession. C'est à lui seul que la postérité la plus reculée en rapportera toute la gloire.

LIVRE IX

Les lois de propagation de la lumière.

CHAPITRE XLIII

LA LUMIÈRE

Théorie de l'émission. — Il est impossible de regarder le Ciel sans se demander aussitôt ce que c'est que la lumière.

Newton admet que les corps lumineux lancent autour d'eux, dans tous les sens et en droite ligne, des corpuscules animés d'une grande vitesse : c'est le choc de ces corpuscules contre l'organe de notre vue qui produit la sensation de la lumière. Cette hypothèse constitue la théorie de l'émission.

Cette théorie est impuissante à expliquer certains phénomènes de la science moderne. Elle est même en contradiction manifeste avec quelques résultats de l'observation. Aussi est-elle aujourd'hui complètement abandonnée. Mais c'est à elle que les meilleurs esprits se sont longtemps rattachés, à cause de la simplicité de son principe et de la facilité avec laquelle elle se prête à la théorie mathématique de la lumière.

Conséquence de cette théorie. — S'il est vrai

que les corps lumineux lancent constamment des corpuscules autour d'eux, la masse du Soleil doit diminuer tous les jours, par conséquent l'orbite terrestre doit s'élargir et l'année doit devenir de plus en plus longue.

Si donc on admet le système de l'émission, il faut en tirer cette conséquence que les orbites des planètes ne cesseront pas de grandir, et qu'à la longue les Terres et les Lunes du système solaire, abandonnées à elles-mêmes, iront à la dérive à travers le Ciel. La Terre que nous habitons serait donc privée de chaleur et de lumière, et toutes les espèces vivantes seraient détruites.

Laplace, pour rassurer les partisans du système de l'émission, a montré que la catastrophe dont il nous menace doit être fixée à une échéance très éloignée. Pour cela, il demande à l'observation de combien l'année a pu varier au plus depuis deux mille ans. Il trouve pour ce maximum une valeur très faible, et il en conclut qu'en deux mille ans la masse du Soleil n'a pas diminué de la deux millionième partie de sa valeur. Ainsi, même en supposant fondée l'hypothèse de l'émission, nous sommes assurés que le Soleil sera longtemps encore un centre puissant d'attraction. Pendant des millions de siècles, il fera sentir son pouvoir aux planètes et les maintiendra dans sa dépendance.

Théorie des ondulations. — Il est une autre théorie de la lumière, imaginée par Huygens et généralement admise aujourd'hui. Cette théorie est connue sous le nom de système des ondulations.

Mais, pour qu'elle soit bien comprise du lecteur, nous allons faire une digression sur le son.

Tout son est produit par les vibrations d'un corps. Les expériences les plus simples l'établissent sans difficulté. Ces vibrations se transmettent aux milieux ambiants, l'air, l'eau, les corps solides. Elles se communiquent ainsi à la membrane de notre oreille, ce qui produit la perception du son. Le son ne se transmet pas à travers le vide. Les physiciens le prouvent par des expériences indiscutables. Ainsi les corps célestes pourraient se choquer violemment : nous n'entendrions aucun bruit, parce que notre atmosphère ne s'élève guère qu'à soixante kilomètres, et qu'au delà, l'espace céleste est privé d'air.

On admet aujourd'hui que la chaleur est produite par les vibrations des corps chauds, et la lumière par les vibrations des corps lumineux, tout comme le son est produit par les vibrations des corps sonores.

Cette analogie entre des phénomènes en apparence si différents, introduit dans la physique moderne une remarquable unité de vues. Mais il ne faut pas croire que l'analogie soit complète, et nous devons signaler deux différences capitales :

Premièrement, les vibrations des corps sonores sont relativement lentes et étendues, tandis que celles des corps chauds et des corps lumineux seraient extrêmement rapides et d'une amplitude très faible.

En second lieu, tandis que le son ne se transmet pas à travers un espace privé d'air, la chaleur et la lumière nous viennent du Soleil, à travers les espaces célestes.

Mais, si ces vibrations lumineuses et calorifiques se transmettent à nous à travers les espaces célestes, il faut que ces espaces soient remplis par un fluide quelconque, qu'on appellera l'éther.

L'hypothèse des ondulations suppose donc l'existence d'un fluide très léger, l'éther, uniformément répandu dans l'espace ainsi que dans les corps homogènes, mais irrégulièrement distribué dans les corps non homogènes.

Conséquence du système des ondulations. — On voit sans peine que cet éther, s'il existe, doit gêner la circulation des planètes. Laplace s'est demandé quel pourrait être son effet sur la marche des corps célestes. Il a trouvé que l'éther aurait pour effet de réduire les dimensions des orbites du système solaire et de diminuer les durées des révolutions. Il a reconnu aussi que ce double effet serait surtout sensible dans le mouvement de la Lune.

Nous ferons deux remarques à ce sujet. La première, que l'action de l'éther pourrait bien être en partie cause de cette irrégularité de la Lune, dont une moitié seulement a été expliquée par Laplace. La seconde, qu'en dépit du principe conservateur de l'attraction, en dépit des calculs de Lagrange, de Laplace, de Poisson, tous les corps du système solaire se rapprocheraient sans cesse du Soleil et finiraient par se précipiter sur lui.

On le voit, au point de vue de la stabilité du monde, le système des ondulations n'est guère plus rassurant que celui de l'émission.

CHAPITRE XLIV

SYSTÈME DES ONDULATIONS ET MÉCANIQUE CÉLESTE

L'Ether et les Comètes. — Nous avons vu que l'hypothèse des ondulations consiste à regarder la lumière comme un mouvement vibratoire, et à admettre que l'espace est rempli d'un fluide appelé éther, par l'intermédiaire duquel les vibrations lumineuses des corps célestes se transmettent jusqu'à nous.

Nous avons vu également que l'existence de cet éther doit avoir pour effet d'accélérer le mouvement des planètes et surtout celui de la Lune. En sorte que la mécanique céleste offre le moyen de contrôler le système des ondulations.

Malheureusement la théorie de la Lune présente tant de difficultés qne les perturbations subies par cet astre sont encore imparfaitement connues. Un jour viendra sans doute où notre satellite ne pourra rien dérober à l'analyse mathématique. Si alors le calcul démontre que la deuxième moitié de l'accélération de la Lune ne peut absolument pas s'expliquer par le principe de l'attraction universelle, il sera naturel d'attribuer cette perturbation à l'existence d'un milieu éthéré résistant, répandu dans les régions interplanétaires; et par là même le système des ondulations recevra une confirmation éclatante.

Mais le système solaire nous offre des corps, qui, mieux encore que la Lune, sont propres à signaler, dans les régions interplanétaires, la présence d'un milieu résistant : ce sont les comètes. Ces astres, en effet, ont une masse très faible, en sorte que l'éther, quelque léger qu'on le suppose, doit gêner leur circulation d'une manière appréciable. Par conséquent, si le système des ondulations est l'expression de la vérité, la durée de la révolution d'une comète doit, indépendamment de toute autre cause perturbatrice, avoir une tendance manifeste à diminuer.

Que nous apprend à cet égard l'histoire des comètes?

La comète d'Encke. — En 1818, Pons découvre une comète invisible à l'œil nu. Le professeur Encke, de Berlin, calcule ses éléments, et remarque avec surprise que son orbite est une ellipse assez courte, et que par suite la durée de sa révolution n'est que de trois ans environ.

Le nouvel astre était évidemment une comète par la petitesse de sa masse et par cette circonstance qu'il échappait au télescope pendant une partie de sa révolution. Mais, d'autre part, son orbite assez courte lui donnait une certaine ressemblance avec les planètes et permettait de calculer très exactement toutes les perturbations qu'elle pouvait subir.

Dès que les éléments de la comète d'Encke furent connus, on se mit à parcourir les catalogues pour voir si cette comète n'avait pas été observée dans ses précédentes révolutions. Olbers, ayant montré qu'une comète observée en 1795 n'était autre que la comète d'Encke, ne tarda pas à adopter la même conclusion au sujet d'une comète vue en 1786, et dont les éléments n'avaient pu être calculés parce qu'on ne l'avait observée que deux fois. Bientôt on eut retrouvé des traces des dix derniers passages de la comète.

C'est alors que le professeur Encke, en discutant toutes ces anciennes observations, fut conduit à cette étonnante découverte, que la longueur de l'orbite et la durée de la révolution allaient sans cesse en diminuant.

Fallait-il attribuer ces graves perturbations à l'action des planètes? C'était à la mécanique céleste de trancher la question. Les géomètres se mirent donc à l'œuvre, et bientôt ils déclarèrent que le principe de l'attraction n'était pas la cause de la diminution subie par l'orbite de la comète. C'est ainsi qu'on fut conduit à admettre l'existence d'un milieu résistant, capable de gêner la circulation des comètes, mais trop léger pour produire un effet sensible sur les mouvements des planètes et de leurs satellites.

Nouvelles difficultés. — Il s'agissait de savoir si cette hypothèse rendrait compte de toutes les particularités du mouvement. Pour cela, il fallait attendre les apparitions suivantes :

En 1822, la comète d'Encke avait une déclinaison australe lors de son passage au périhélie. Aussi ne fut-elle observée que dans l'hémisphère austral de la Terre. Les observations ainsi obtenues ne purent s'accorder avec l'hypothèse d'un milieu résistant de densité homogène. Cette difficulté nouvelle ne tarda pas à s'accuser plus nettement ; et, dès le passage de 1828-1829, le mouvement de la comète d'Encke devint pour les astronomes une énigme véritable.

On finit pourtant par soupçonner la cause des écarts signalés entre l'observation et la théorie. L'orbite de Jupiter et l'orbite de la comète d'Encke se rencontrent presque, en sorte qu'à certaines époques ces deux astres sont placés très près l'un de l'autre. Cette circonstance s'était justement présentée de 1828 à 1829, de sorte que, pendant cette période, la planète Jupiter avait exercé sur la comète d'Encke une action perturbatrice énorme. Cette action avait été calculée par les procédés habituels de la mécanique céleste. Elle se présentait sous la forme d'un produit de deux facteurs dont l'un était très grand et dont l'autre représentait la masse de Jupiter. D'après cela, la moindre erreur commise sur la valeur de cette masse entraînait une erreur beaucoup plus considérable dans la valeur de l'action perturbatrice. Il y avait donc lieu de se demander si on n'avait pas adopté pour la masse de Jupiter une valeur inexacte et si l'erreur ainsi commise, se transmettant au centuple à la valeur de l'action perturbatrice, n'altérait pas les résultats du calcul au point de les rendre inconciliables avec les résultats de l'observation.

A la vérité, la valeur que l'on adoptait pour la masse de Jupiter avait été calculée par Bouvard et employée par Laplace ; et même ce dernier géomètre avait cru établir par le calcul des probabilités que, sur onze millions de chances, il y en avait une seule pour que l'erreur commise sur cette masse atteignît le centième de sa valeur. Mais, quelle que fût l'autorité de Laplace, les soupçons persistèrent, et l'on se décida à chercher de nouveau la masse de Jupiter.

Cette masse avait été déduite de l'élongation des satellites de Jupiter. M. Airy mesura de nouveau ces élongations, reprit les calculs, et prouva que l'erreur commise par Bouvard sur la masse de Jupiter atteignait les quatre centièmes de sa valeur. En même temps, d'autres calculateurs arrivaient à la même conclusion en étudiant les perturbations de Junon et de Vesta.

En adoptant la nouvelle valeur obtenue pour la masse de Jupiter, il devint possible de concilier les observations relatives à la comète d'Encke avec l'hypothèse d'un milieu résistant de densité convenable.

La comète de Halley. — Mais la densité ainsi calculée ne put absolument pas rendre compte du mouvement de la comète de Halley en 1836.

En présence de cette difficulté nouvelle, quelques savants s'arrêtèrent à cette idée, que la masse de l'éther, entraînée dans le mouvement des planètes, devait tourbillonner autour du Soleil, et que par conséquent les comètes qui marchaient dans le sens direct devaient éprouver moins de résistance que les autres.

Cette hypothèse n'est pas absolument contraire aux vraisemblances. Mais elle n'aura une valeur scientifique que si elle résiste à l'épreuve du calcul et de l'observation.

LIVRE X

La formation des mondes.

CHAPITRE XLV

ORIGINE DES MONDES

Des nébuleuses. — On sait que les nébuleuses s'offrent à nos yeux comme des taches blanches aussi petites que variées dans leurs formes.

La première qui ait été signalée est celle de la ceinture d'Andromède. Elle fut découverte en 1612 par Simon Marius. Cet astronome en compare la lumière à celle d'une chandelle vue à travers une feuille de corne. En 1656, Huygens aperçut la grande nébuleuse de la constellation d'Orion. Il lui assigna sa place dans l'Epée d'Orion et en décrivit les apparences en termes assez poétiques. On eût cru volontiers, dit-il dans son *Systema saturnium*, voir dans le ciel une ouverture qui donnait jour sur une région plus lumineuse.

Au XVIIIe siècle, Lacaille découvrit un certain nombre de nébuleuses dans son voyage au cap de Bonne-Espéranee. Pourtant en 1784 on n'en connaissait encore que 103.

C'est alors que parut William Herschell. Cet illustre

astronome publia, en 1786, dans les Transactions philosophiques, un catalogue de mille nébuleuses. Trois ans après, au grand étonnement des savants, il publia un catalogue aussi étendu que le premier. Enfin, en 1802, il signala encore cinq cents nébuleuses nouvelles.

Deux sortes de nébuleuses — Tout portait à croire que ces nébuleuses étaient de vastes amas d'étoiles parsemés dans le ciel. En effet, à mesure qu'Herschell employait des télescopes plus forts, il parvenait à établir que la plupart des nébuleuses n'étaient que des amas d'étoiles. Si donc, disait-il, quelques-unes d'entre elles persistent à conserver leur apparence de nuages, c'est que nos instruments ne sont pas assez puissants. Herschell ne raisonnait pas trop mal. Mais il se trompait. Déjà Lacaille avait émis une opinion toute contraire, et Herschell lui-même ne tarda pas à reconnaître son erreur.

Hâtons-nous de dire que des découvertes récentes ont pleinement justifié les prévisions de Lacaille. En effet, en examinant au spectroscope les diverses nébuleuses, on trouve que les nébuleuses déjà décomposées en étoiles par le télescope donnent toutes un spectre continu; tandis que, parmi les autres, quelques-unes donnent un de ces spectres discontinus, composés seulement de quelques raies brillantes, qui caractérisent les corps gazeux.

Il y donc deux espèces de nébuleuses. Les unes sont des amas d'étoiles : telle est la Voie lactée dont notre soleil fait partie. Mais les autres sont de véritables nuages, des amas de vapeurs. Ce sont des corps célestes d'une nature toute nouvelle qui s'offrent aux études des astronomes; elles seules méritent le nom de nébuleuses. C'est aussi d'elles seules que nous allons nous occuper.

Formation des Mondes. — Les nébuleuses proprement dites ont des apparences très variées. Elles offrent, suivant l'expression d'Arago, toutes les formes des nuages tourmentés par le vent, quelques-unes présentent des noyaux brillants.

Ces noyaux seraient-ils des centres d'attraction autour desquels se condenserait peu à peu la matière gazeuse? Assisterions-nous à la formation de mondes nouveaux?

Cette idée a longtemps poursuivi l'esprit des astronomes. Il était réservé à Herschell de trancher la difficulté. Cet illustre savant observa la nébuleuse d'Orion depuis 1783 jusqu'en 1811. Il reconnut qu'elle avait changé de forme. A la différence de celles qui avaient précédé, les observations d'Herschell étaient concluantes, parce qu'elles avaient été faites avec le même télescope. Aussi, dès l'année 1811, Herschell n'hésitait pas à écrire dans les Transactions philosophiques : *J'ai prouvé des changements.* Herschell en effet avait prouvé. *La nature avait été prise sur le fait.*

CHAPITRE XLVI

FORMATION DU SYSTÈME SOLAIRE

Hypothèse cosmogonique de Laplace. — Nous avons dit que les nébuleuses, en se condensant, paraissent donner lieu à la formation de nouveaux systèmes solaires.

Il est donc naturel d'admettre que le système solaire dont nous faisons partie n'a été tout d'abord qu'un gigantesque amas de vapeurs. Tel est le point de départ de la belle hypothèse cosmogonique de Laplace.

Deux principes de mécanique. — Quand on voyage en voiture sur un chemin détrempé par la pluie, on remarque, pour peu que le mouvement soit rapide, que les roues lancent des éclaboussures dans le sens du mouvement. On constate ainsi, dans un cas particulier, la vérité d'une loi générale de la mécanique, que l'on peut énoncer en ces termes : Lorsqu'un corps tourne sur lui-même avec une vitesse suffisante, les matières qui n'ont avec lui qu'une faible adhérence, s'en détachent, et sont lancées au loin dans le sens du mouvement.

Tel est le premier principe. Voici le second: Lorsqu'un corps se meut dans l'espace, tout en suivant sa route, il tourne sur lui-même. Ainsi fait la bombe qui s'échappe du canon.

Exposition de l'hypothèse de Laplace. — Concevons maintenant dans l'espace une immense nébuleuse qui tourne sur elle-même. Cette masse de vapeurs, perdant de la chaleur dans tous les sens, comme le fer rouge qui sort de la forge, va, comme lui, se refroidir. La physique nous apprend que ce refroidissement doit amener une condensation. La masse se resserre donc, diminue de volume. Mais alors, en vertu d'une loi de la mécanique, connue sous le nom de *principe des aires*, le mouvement de rotation de notre nébuleuse va devenir de plus en plus rapide. Et de même que la roue de la voiture, tournant de plus en plus vite, finit par lancer des éclaboussures, notre nébuleuse lancera dans l'espace des fragments de matière. Ce qui restera de la nébuleuse sera le Soleil, les fragments détachés seront les planètes.

Où iront ces planètes? Il semble qu'elles devront marcher droit devant elles. Il n'en est rien. Constamment attirées par le Soleil d'après les lois de Newton, elles ne pourront ni s'éloigner sans cesse de lui à cause de cette attraction, ni se précipiter sur lui, à cause de l'impulsion qu'elles ont reçue. Elles devront, d'après les lois de la mécanique, décrire une ellipse dont le Soleil occupe un foyer. En outre, chacune d'elles devra décrire son ellipse toujours dans le même sens et sans jamais s'arrêter. (Problème des deux corps.)

Voilà donc nos planètes qui décrivent leurs orbites elliptiques autour du Soleil. Mais ces planètes ne sont pas encore à l'état solide. Ce sont des amas de vapeurs, de véritables nébuleuses. Comme la bombe qui s'échappe du canon, ces nébuleuses, tout en parcourant leur route, tournent sur elles-mêmes. Comme la nébuleuse principale qui leur a donné naissance, ces nébuleuses secondaires se refroidiront à leur tour; par suite, elles se condenseront; par conséquent, elles tourneront plus vite; et alors elles lanceront autour d'elles des fragments de leur masse. Ces fragments seront des satellites, qui suivront la planète dans sa marche, et décriront une ellipse autour d'elle, comme celle-ci autour du Soleil. C'est ainsi que la Terre s'est donné la Lune qui circule autour d'elle.

Telle est, réduite à sa plus grande simplicité, l'hypothèse au moyen de laquelle Laplace a expliqué la formation du système solaire.

CHAPITRE XLVII

EXAMEN DE L'HYPOTHÈSE DE LAPLACE

Masse et volume du Soleil. — Si on veut se rendre compte de la valeur scientifique de l'hypothèse de Laplace, il est indispensable d'examiner les conséquences qui en découlent.

D'après cette hypothèse, les planètes ne seraient que des éclaboussures du Soleil. Cette conclusion, quelque étrange qu'elle puisse paraître de prime abord, semble au contraire bien naturelle quand on songe que le Soleil l'emporte de beaucoup sur les autres planètes, soit par sa masse, soit par son volume.

Rappelons quelques nombres. La masse du Soleil est à elle seule six cents fois plus grande que les masses de toutes les planètes réunies. Quant au volume de cet astre, il est treize cent mille fois plus grand que celui de la Terre.

Qu'on imagine cent douze globes comme la Terre, placés les uns au-dessus des autres; la hauteur de cette colonne représentera la hauteur du Soleil!

Ou bien, si l'on aime mieux, qu'on se figure la distance qui sépare le centre du Soleil d'un point de sa surface. Cette distance est à peu près double de celle qui sépare la Terre de la Lune!

Et, si notre globe ne paraît pas encore assez misérable, qu'on cherche d'autres images. A mesure qu'elles seront plus matérielles, elles feront mieux sentir la petitesse de la Terre. Si on conservait quelque doute à cet égard, que l'on réfléchisse au fait suivant, rapporté par l'illustre auteur de l'*Astronomie populaire :* Un professeur d'Angers, voulant donner à ses élèves une idée sensible du rapport qui existe entre la grandeur du Soleil et celle de la Terre, eut la patience de compter le nombre de grains de blé contenus dans un litre. Il s'assura de cette manière que treize cent mille grains représentaient un volume de quatorze décalitres. Il fit alors déposer en un tas dans la salle quatorze décalitres de blé, et il en plaça un grain sur sa table. Puis, s'adressant à ses auditeurs : « Voilà, leur dit-il, le Soleil, et voici la Terre. »

Nature des courbes décrites par les planètes. — D'après les résultats que l'on obtient quand on traite le problème des deux corps, tous les astres qui circulent autour du Soleil doivent décrire une des trois courbes du second ordre. Or, le système solaire nous offre cette particularité remarquable que les comètes seules y décrivent indistinctement l'une des trois courbes du second ordre, tandis que les planètes décrivent toutes des ellipses et que même les grosses planètes ont des orbites presque circulaires.

Laplace rend compte de cette particularité au moyen de son hypothèse. Il suppose pour cela que la matière détachée de la nébuleuse primitive a d'abord formé des anneaux, et que ces anneaux, en se brisant, ont donné naissance aux planètes.

L'explication de Laplace est rigoureusement conforme aux principes de la mécanique. Elle est, d'ailleurs, confirmée par les faits.

C'est ainsi que certains anneaux détachés de la planète Saturne ont pu, grâce à des conditions d'équilibre tout à fait spéciales, conserver leur forme primitive.

C'est ainsi encore, qu'en reproduisant les expériences de M. Plateau, on réussit souvent à détacher de la boule d'huile un anneau tournant, qui se rompt presque aussitôt, et se résout en un tourbillon de petites boules.

Sens des mouvements du système solaire. — Comme le Soleil tourne sur lui-même dans le sens direct, les planètes auxquelles il a donné naissance doivent marcher dans le même sens. En outre, les plans des orbitres planétaires doivent se confondre à très peu près avec le plan de l'équateur solaire.

De la même manière, comme Jupiter tourne sur elle-même dans le sens direct, les satellites de cette planète doivent marcher dans le même sens. En outre, les plans des orbites de ces satellites doivent être peu inclinés sur le plan de l'équateur de Jupiter.

Ces prévisions de la théorie sont comfirmées par l'observation. Il faut pourtant signaler quelques exceptions.

Certaines comètes ont un mouvement rétrograde, qui semblerait se concilier difficilement avec l'hypothèse de Laplace. On a expliqué cette anomalie en disant que ces comètes ont été introduites dans notre système après sa formation. Ces astres errants auraient ainsi échappé à l'attraction de quelque étoile pour grossir le cortège du Soleil. La nature des courbes décrites par les comètes semble, en effet, justifier cette explication.

On a découvert dans ces derniers temps un certain nombre de petites planètes ou astéroïdes qui ont aussi un mouvement rétrograde. Cette découverte a eu un grand retentissement parce qu'elle menaçait hypothèse de Laplace. Voici ce que sir John Herschell écrivait à ce propos dans les *Notices mensuelles* (Monthly Notices) : « Comment le mouvement rétrograde de ces astéroïdes autour du Soleil est-il compatible avec l'hypothèse de la nébuleuse? Nous le laissons à expliquer aux défenseurs de cette hypothèse. » D'après Leverrier, ces nouveaux astéroïdes se seraient introduits après coup dans le système solaire, tout comme les comètes rétrogrades.

Mais la planète Uranus nous offre des difficultés plus graves. Ses satellites ont un mouvement rétrograde. On ne peut pourtant pas admettre que ces satellites aient été introduits après coup dans le système solaire. Essayons de donner une explication plausible. Si la planète Uranus tourne sur elle-même dans le sens rétrograde, il est tout naturel que ses satellites marchent aussi dans le sens rétrograde. Reste donc à faire voir que les planètes, formées par les anneaux de Laplace, peuvent tourner sur elles-mêmes, les unes dans le sens direct, les autres dans le sens rétrograde.

A cet effet, considérons un anneau de Laplace tournant autour du Soleil dans le sens direct. Si la matière de cet anneau, sans être solide, a une certaine consistance, l'anneau tourne à peu près tout d'une pièce et par conséquent les parties extérieures de l'anneau décrivent en un même temps plus de chemin que les parties intérieures. Dans ces conditions, si cet anneau forme une planète, il est clair que cette planète tournera sur elle-même dans le sens direct.

Imaginons, au contraire, un autre anneau tournant autour du Soleil dans le sens direct, comme le précédent, mais formé d'une matière encore très fluide. La partie extérieure et la partie intérieure de l'anneau ne tourneront pas d'un mouvement commun. Dès lors, c'est la partie intérieure qui aura la plus forte vitesse angulaire. En cet état, si l'anneau vient à se rompre, il se formera une planète tournant sur elle-même dans le sens rétrograde, susceptible par conséquent de se donner des satellites à mouvement rétrograde.

Voyons si cette théorie est confirmée par les faits. La nébuleuse solaire, qui d'abord était immense, s'est resserrée peu à peu, abandonnant sur ses frontières des anneaux successifs, de plus en plus petits, qui ont donné naissance aux planètes. Il résulte de là que, plus une planète est éloignée du Soleil, plus elle est ancienne. D'autre part, plus elle est ancienne, plus la matière qui a servi à la former devait être fluide. Donc les mouvements doivent être rétrogrades pour les satellites des planètes éloignées du Soleil, et ils doivent être directs pour les satellites des planètes plus rapprochées de cet astre.

L'expérience prouve qu'en effet les satellites rétrogrades sont ceux d'Uranus et de Neptune, c'est-à-dire des planètes les plus éloignées du soleil.

Forme des planètes. — Si l'hypothèse de Laplace est l'expression de la vérité, les planètes ont été fluides à l'origine. Par conséquent elles doivent avoir la forme que leur assigne la géométrie. C'est, en effet, ce qui a lieu. On a cru pendant quelque temps que la planète Mars faisait exception, et que sa forme était une puissante objection contre le système cosmogonique le plus en crédit. Mais en 1874 je crois avoir réussi à rendre compte de la forme de Mars.

Il y a plus, en partant de l'hypothèse cosmogonique de Laplace, j'ai calculé la densité moyenne de Mars. Or le nombre que j'ai trouvé diffère à peine de celui qui a été obtenu par les méthodes ordinaires de la mécanique céleste. En sorte que la forme de Mars, qui passait pour être une objection à l'hypothèse de Laplace, semble aujourd'hui en être la confirmation !

CHAPITRE XLVIII

NOUVEL EXAMEN DE L'HYPOTHÈSE DE LAPLACE

Nous avons exposé les preuves et les objections que les géomètres ont fait valoir tour à tour, pour ou contre l'hypothèse de Laplace.

Interrogeons maintenant les géologues, les naturalistes, les chimistes, les physiciens.

Les géologues. — La plupart des géologues pensent que la Terre a été tout d'abord une masse fluide et incandescente, et qu'aujourd'hui même notre globe n'est qu'une immense fournaise recouverte d'une croûte solide.

Parmi les faits qui viennent à l'appui de cette opinion, nous citerons simplement les éruptions des volcans et les tremblements de terre.

Quant à la relation intime qui existe entre la théorie des géologues et l'hypothèse de Laplace, elle est tellement manifeste qu'il nous paraît inutile de la signaler.

Les naturalistes. — A mesure que l'on a étudié les débris de plantes trouvées dans les divers dépôts de houille, on a reconnu que, pendant la période géologique appelée *époque carbonifère*, les espèces des régions tropicales prospéraient jusqu'au voisinage des pôles. Il est vrai que la chaleur nécessaire à cette riche végétation pouvait provenir des entrailles mêmes de la Terre.

Mais on sait aujourd'hui que les plantes ont besoin de lumière autant que de chaleur. Il faut donc admettre que, pendant la période carbonifère, le soleil avait un diamètre tellement grand que la lumière éclairait toute l'année les régions voisines du pôle. Nous sommes ainsi ramenés à l'hypothèse d'une nébuleuse, qui, se resserrant tous les jours, a fini par se réduire aux dimensions actuelles du Soleil.

Les chimistes. — L'analyse spectrale a fourni une preuve nouvelle à l'appui de l'hypothèse de Laplace.

Si la Terre n'est qu'un fragment détaché du Soleil, ces deux corps célestes doivent avoir la même composition chimique.

Mais, comment vérifier cette conséquence de l'hypothèse de Laplace? Comment faire l'analyse chimique du Soleil?

Le géant Micromegas, qui avait le talent de voyager d'un monde à l'autre sur la queue d'une comète, n'eût pas été embarrassé. Il se fût transporté sur le Soleil et y eût installé un laboratoire. Malheureusement Voltaire a oublié de nous livrer son secret.

Il faut bien le reconnaître, les savants n'ont pas cherché à le retrouver, ils ont conclu brutalement à l'impossibilité d'un voyage dans le Soleil.

Puis donc qu'on ne pouvait approcher de cet astre, il fallait apprendre à faire l'analyse chimique d'un corps situé hors de notre portée. C'est ainsi que le problème s'offrait aux investigations des savants.

Ce problème a été *résolu*. On a construit un instrument d'optique, appelé spectroscope, qui permet d'analyser chimiquement un corps lumineux pour éloigné qu'il soit.

Au moyen de cet instrument on a pu connaître la composition chimique du Soleil. On a trouvé dans cet astre du fer, du plomb, de la chaux, en un mot la plupart des éléments qui constituent notre globe.

C'est ainsi qu'une méthode nouvelle, tout en ouvrant un champ immense aux recherches de la chimie, est venue donner à l'hypothèse de Laplace une confirmation éclatante.

On le voit, la science a surmonté tous les obstacles et l'homme, attaché invinciblement à la Terre, a pu néanmoins connaître les éléments qui constituent les corps célestes. La lumière que ces astres nous envoient a été pour le chimiste un indice suffisant, et chaque rayon lumineux a fait connaître, par sa nature, la nature du foyer dont il émane. Quand l'homme a voulu faire l'analyse chimique du Soleil, il a pris un rayon de lumière solaire et il l'a interrogé. Il l'a soumis à l'expérience, il l'a torturé. Et ce rayon, devenu docile entre ses mains, a révélé les secrets de ces mondes dont un abîme nous sépare !

Les physiciens. — Rappelons-nous, enfin, les expériences de M. Plateau, la boule d'huile qui tourne dans un mélange d'eau et d'alcool, les anneaux qui se séparent de la boule, les gouttelettes formées aux dépens des anneaux.

La masse d'huile qui reste au centre nous représente le Soleil ; les gouttelettes qui circulent autour, sont les planètes. Quant à la boule primitive, qui donne naissance à ce petit système solaire, elle n'est autre chose que la nébuleuse de Laplace !

CHAPITRE XLIX

CONCLUSION

Nous avons exposé les merveilleux résultats obtenus par les géomètres. Eh bien ! il est une chose plus étonnante encore que ces grandes découvertes : c'est la rapidité avec laquelle elles se sont succédé. Avant Newton, le Ciel semblait garder ses secrets avec un soin jaloux. Mais, dès que ce grand homme a énoncé sa féconde hypothèse, la science change de face. Planètes, comètes, satellites, tous les astres du système solaire sont forcés de décrire des courbes du second ordre. Ils marchent, et leur mouvement fait connaître leur poids ; ils tournent, et leur rotation donne la mesure de leur aplatissement.

Leurs irrégularités mêmes sont assujetties à des lois régulières. Laplace paraît ; et les planètes, réduites à n'éprouver que des écarts périodiques, cessent d'inspirer de l'inquiétude pour l'avenir du système solaire ; les pôles sont à jamais immobiles à la surface de notre globe ; le jour a désormais une durée invariable ; les mers sont condamnées à rester éternellement dans leur lit.

Avec d'Alembert, les pôles célestes deviennent justiciables du calcul et sont astreints à régler leurs déplacements sur les formules de la géométrie.

Enfin les mondes invisibles sont explorés par les savants ; et comme Laplace avait signalé les particularités de Saturne, Leverrier révèle l'existence de Neptune.

Ainsi, la mécanique céleste est née d'hier. Et déjà elle nous a livré la plupart des secrets du système solaire. Bientôt sans doute, à la suite de l'Astronomie, elle prendra possession du monde des étoiles. Elle pèsera les différents soleils et règlera leur marche.

Mais il y aurait témérité à vouloir prédire l'avenir de la science. Ma tâche est terminée. J'ai expliqué les principes et les résultats de la mécanique céleste. Dans cet exposé j'ai été sobre de réflexions ; car j'avais à cœur de laisser le lecteur face à face avec la vérité scientifique.

Et pourtant l'immensité de l'univers, l'harmonie des mondes, la petitesse de l'homme égaré dans l'espace, la grandeur de sa raison qui a su en sonder les abîmes, tous ces grands spectacles que nous dévoile la science me pénètrent d'émotions profondes.

« Mais heureux entre tous, celui qui, retranché sur les hauteurs sereines où la Sagesse a bâti son temple, peut voir sous ses pieds le commun des mortels s'égarer çà et là, chercher à tâtons le chemin qu'il faut suivre et, luttant de génie ou rivalisant de noblesse, se consumer jour et nuit en efforts douloureux pour s'élever à la fortune et mettre la main sur le pouvoir. » (Lucrèce, II.)

FIN

TABLE DES MATIÈRES

LIVRE PREMIER

Description de l'Univers. — Le système solaire et les lois qui le régissent.

LIVRE DEUXIÈME

Le poids des mondes. — Les comètes.

LIVRE TROISIÈME

Le mouvement des planètes et de leurs satellites.

LIVRE QUATRIÈME

La découverte de Neptune.

LIVRE CINQUIÈME

La forme des planètes.

LIVRE SIXIÈME

Les marées.

LIVRE SEPTIÈME

La rotation de la Terre.

LIVRE HUITIÈME

La précession des équinoxes.

LIVRE NEUVIÈME

La propagation de la lumière.

LIVRE DIXIÈME

La formation des mondes.

ANCIENNE LIBRAIRIE GERMER BAILLIÈRE ET Cie.

FÉLIX ALCAN, éditeur.

BIBLIOTHÈQUE D'HISTOIRE CONTEMPORAINE

Vol. in-18 à 3 fr. 50.

Vol. in-8 à 5 et 7 fr. Cart. 1 fr. en plus par vol.; reliure 2 fr.

EUROPE

HISTOIRE DE L'EUROPE PENDANT LA RÉVOLUTION FRANÇAISE, par *H. de Sybel*. Traduit de l'allemand par Mlle Dosquet. 4 vol. in-8 .... 28 »

Chaque volume séparément. 7 »

FRANCE

HISTOIRE DE LA RÉVOLUTION FRANÇAISE, par *Carlyle*, traduite de l'anglais. 3 vol. in-18; chaque volume 3 50

LA RÉVOLUTION FRANÇAISE, résumé historique, par *H. Carnot*, nouvelle édition. 1 vol. in-12 .... 3 50

HISTOIRE DE LA RESTAURATION, par *de Rochau*. 1 vol. in-18, traduit de l'allemand 3 50

HISTOIRE DE DIX ANS, par *Louis Blanc*. 5 vol. in-8 .... 25 »

Chaque volume séparément. 5 »

HISTOIRE DE DIX ANS, 25 planches en taille douce .... 6 »

HISTOIRE DE HUIT ANS (1840-1848), par *Elias Regnault*. 3 vol. in-8 .... 15 »

Chaque volume séparément. 5 »

HISTOIRE DE HUIT ANS, 14 planches en taille douce .... 4 »

HISTOIRE DU SECOND EMPIRE (1848-1870), par *Taxile Delord*. 6 volumes in-8 .... 42 »

Chaque volume séparément. 7 »

LA GUERRE DE 1870-1871, par *Boert*, d'après le colonel fédéral suisse Rustow. 1 vol. in-18 .... 3 50

LA FRANCE POLITIQUE ET SOCIALE, par *Aug. Laugel*. 1 volume in-8 .... 5 »

L'ALGÉRIE, par *Maurice Wahl*. 1 vol. in-8 .... 5 »

LES COLONIES FRANÇAISES, par *P. Gaffarel*. 1 vol. in-8 ... 5 »

L'ALGÉRIE, par *Wahl*. 1 vol. in-8 .... 5 »

HISTOIRE DES IDÉES MORALES ET POLITIQUES EN FRANCE AU XVIIIe SIÈCLE, par *Jules Barni*. 2 vol. in-18. Chaque volume... 3 50

LES MORALISTES FRANÇAIS AU XVIIIe SIÈCLE, par *Jules Barni*. 1 vol. in-18, faisant suite aux deux précédents 3 50

LA GUERRE ÉTRANGÈRE ET LA GUERRE CIVILE, par *Emile Beaussire*. 1 vol. in-18 .... 3 50

LA FRANCE RÉPUBLICAINE, par *J. Clamageran*. 1 vol. in-18. 3 50

Le vandalisme révolutionnaire, par *Eug. Despois*. Fondations littéraires, scientifiques et artistiques de la Convention. 2e édition, précédée d'une notice sur l'auteur, par *M. Charles Bigot*. 1 vol. 3 fr. 50

Variétés révolutionnaires, par *Marcellin Pellet*. 1 vol. in-18, précédée d'une préface de *A. Ranc*.................. 3 fr. 50

Le socialisme contemporain, par *E. de Laveleye*. 3e édition. 1 vol. in-18.. 3 50

ANGLETERRE

Histoire gouvernementale de l'Angleterre, depuis 1770 jusqu'a 1830, par sir *G. Cornewal Lewis*. 1 vol. in-8, traduit de l'anglais .... 7 »

Histoire de l'Angleterre depuis la reine Anne jusqu'à nos jours, par *H. Reynald*. 1 vol. in-18.................. 3 50

Les quatre Georges, par *Thackeray*, trad. de l'anglais par *Lefoyer*. 1 vol. in-18.............................. 3 50

Lombart-Street, le marché financier en Angleterre, par *W. Bagehot*. 1 vol. in-18............................ 3 50

Lord Palmerston et lord Russel, par *Aug. Laugel*. 1 volume in-18.. 3 50

Questions constitutionnelles (1873-1878). Le prince époux. — Le droit électoral, par *E.-W. Gladstone*. Traduit de l'anglais et précédé d'une introduction, par Albert Gigot.

ALLEMAGNE

Histoire de la Prusse, depuis la mort de Frédéric II jusqu'à la bataille de Sadowa, par *Eug. Véron*. 1 vol. in-18..... 3 50

Histoire de l'Allemagne, depuis la bataille de Sadowa jusqu'à nos jours, par *Eug. Véron*. 1 vol. in-18.............. 3 50

L'Allemagne contemporaine, par *Ed. Bourloton*. 1 volume in-18.. 3 50

AUTRICHE-HONGRIE

Histoire de l'Autriche, depuis la mort de Marie-Thérèse jusqu'à nos jours, par *L. Asseline*. 1 vol. in-18........... 3 50

Histoire des Hongrois et de leur littérature politique de 1790 à 1815, par *Ed. Sayous*. 1 vol. in-18.................. 3 50

ESPAGNE

Histoire de l'Espagne, depuis la mort de Charles III jusqu'à nos jours, par *H. Reynald*. 1 vol. in-18.............. 3 50

RUSSIE

La Russie contemporaine, par *Herbert Barry*, traduit de l'anglais. 1 vol. in-18..................................... 3 50

Histoire contemporaine de la Russie, par M. *Créhange*. 1 vol. in-18.. 3 50

LISTE DES OUVRAGES

DE LA

BIBLIOTHÈQUE SCIENTIFIQUE INTERNATIONALE

PAR ORDRE DE MATIÈRES

Chaque volume in-8, cartonné à l'anglaise. . . . . 6 francs.

En demi-reliure veau avec coins, tranche supérieure dorée, non rogné. 10 francs.

SCIENCES SOCIALES

Introduction à la science sociale, par HERBERT SPENCER. 1 vol.

Les Bases de la morale évolutionniste, par HERBERT SPENCER. 1 vol.

Les Conflits de la science et de la religion, par DRAPER, professeur à l'Université de New-York. 1 vol.

Le Crime et la Folie, par H. MAUDSLEY, professeur de médecine légale à l'Université de Londres. 1 vol.

La Défense des États et des camps retranchés, par le général A. BRIALMONT, inspecteur général des fortifications et du corps du génie de Belgique. 1 vol., avec nombreuses figures dans le texte et 2 planches hors texte.

La Monnaie et le mécanisme de l'échange, par W. STANLEY JEVONS, professeur d'économie politique à l'Université de Londres. 1 vol.

La Sociologie, par DE ROBERTY. 1 vol.

La Science de l'Éducation, par ALEX. BAIN, professeur à l'Université d'Aberdeen (Ecosse). 1 vol.

Lois scientifiques du développement des nations dans leurs rapports avec les principes de l'hérédité et de la sélection naturelle, par W. BAGEHOT. 1 vol.

La Vie du langage, par D. WHITNEY, professeur de philologie comparée à Yale-College de Boston (États-Unis). 1 vol.

PHYSIOLOGIE

Les Illusions des sens et de l'esprit, par James Sully. 1 vol. in-8.

La Locomotion chez les animaux (marche, natation et vol), suivie d'une étude sur l'*Histoire de la navigation aérienne*, par J.-B. Pettigrew, professeur au Collège royal de chirurgie d'Édimbourg (Écosse). 1 vol., avec 140 figures dans le texte.

Les Nerfs et les Muscles, par J. Rosenthal, professeur de physiologie à l'Université d'Erlangen (Bavière). 1 vol., avec 75 figures dans le texte.

La Machine animale, par E.-J. Marey, membre de l'Institut, professeur au Collège de France. 1 vol. avec 117 figures dans le texte.

Les Sens, par Bernstein, professeur de physiologie à l'Université de Halle (Prusse). 1 vol., avec 91 figures dans le texte.

Les organes de la parole, par H. de Meyer, professeur à l'Université de Zurich, traduit de l'allemand et précédé d'une introduction sur l'*Enseignement de la parole aux sourds-muets*, par O. Claveau, inspecteur général des établissements de bienfaisance. 1 vol. avec 51 figures dans le texte.

La physionomie et l'expression des sentiments, par P. Mantegazza, professeur au Muséum d'histoire naturelle de Florence. 1 vol. avec figures et 8 planches hors texte, d'après les dessins originaux d'Édouard Ximenès.

PHILOSOPHIE SCIENTIFIQUE

Le Cerveau et ses fonctions, par J. Luys, membre de l'Académie de médecine, médecin de la Salpêtrière. 1 vol., avec figures.

Le Cerveau et la Pensée chez l'homme et les animaux, par Charlton Bastian, professeur à l'Université de Londres. 2 vol. avec 184 figures dans le texte.

Le Crime et la Folie, par H. Maudsley, professeur à l'Université de Londres. 1 vol.

L'Esprit et le Corps, considérés au point de vue de leurs relations, suivi d'études sur les *Erreurs généralement répandues au sujet de l'Esprit*, par Alex. Bain, professeur à l'Université d'Aberdeen (Écosse). 1 vol.

Théorie scientifique de la sensibilité : *le Plaisir et la Peine*, par Léon Dumont. 1 vol.

ANTHROPOLOGIE

L'Espèce humaine, par A. de Quatrefages, membre de l'Institut, professeur d'anthropologie au Muséum d'histoire naturelle de Paris. 1 vol.

L'Homme avant les métaux, par N. Joly, correspondant de l'Institut, professeur à la Faculté des sciences de Toulouse. 2e édit. 1 vol., avec 150 figures dans le texte et un frontispice.

Les peuples de l'Afrique, par R. HARTMANN, professeur à l'Université de Berlin. 1 vol., avec 93 figures dans le texte.

ZOOLOGIE

Descendance et Darwinisme, par O. SCHMIDT, professeur à l'Université de Strasbourg. 1 vol., avec figures.

Fourmis, Abeilles, Guêpes, par sir JOHN LUBBOCK. 2 vol. in-8, avec figures dans le texte et 13 planches hors texte, dont 5 coloriées.

L'Écrevisse, introduction à l'étude de la zoologie, par Th.-H. HUXLEY, membre de la Société royale de Londres et de l'Institut de France, professeur d'histoire naturelle à l'École royale des mines de Londres. 1 vol., avec 82 figures.

Les Commensaux et les Parasites dans le règne animal, par P.-J. VAN BENEDEN, professeur à l'Université de Louvain (Belgique). 1 vol., avec 83 figures dans le texte.

La philosophie zoologique avant Darwin, par EDMOND PERRIER, professeur au Muséum d'histoire naturelle de Paris. 1 vol.

BOTANIQUE — GÉOLOGIE

Les Champignons, par COOKE et BERKELEY. 1 vol., avec 110 fig.

L'évolution du règne végétal, les *Cryptogames*, par G. DE SAPORTA, correspondant de l'Institut, et MARION, professeur à la Faculté des sciences de Marseille. 1 vol., avec 85 figures dans le texte.

L'évolution du règne végétal, *les Phanérogames*, par G. DE SAPORTA et MARION. 2 vol. avec figures dans le texte.

Les Volcans et les Tremblements de terre, par FUCHS, professeur à l'Université de Heidelberg. 1 vol., avec 36 figures et une carte en couleur.

Origine des plantes cultivées, par A. DE CANDOLLE, correspondant de l'Institut. 1 vol.

Introduction à l'étude de la botanique (le Sapin), par J. DE LANESSAN, professeur agrégé à la Faculté de médecine de Paris. 1 vol. in-8 avec figures dans le texte.

CHIMIE

Les Fermentations, par P. SCHUTZENBERGER, membre de l'Académie de médecine, professeur de chimie au Collège de France, 1 vol.

La Synthèse chimique, par M. BERTHELOT, membre de l'Institut, professeur de chimie organique au Collège de France. 1 vol.

La Théorie atomique, par Ad. WURTZ, membre de l'Institut, professeur à la Faculté des sciences et à la Faculté de médecine de Paris. 1 vol.

ASTRONOMIE — MÉCANIQUE

Histoire de la Machine à vapeur, de la Locomotive et des Bateaux à vapeur, par R. THURSTON, professeur de mécanique à l'Institut technique de Hoboken, près de New-York, revue, annotée et augmentée d'une introduction par HIRSCH, professeur de machines à vapeur à l'École des ponts et chaussées de Paris. 2 vol. avec 160 figures dans le texte et 16 planches tirées à part.

Les Étoiles, notions d'astronomie sidérale, par le P. A. SECCHI, directeur de l'Observatoire du Collège romain. 2 vol., avec 63 figures dans le texte et 16 planches en noir et en couleur.

Le Soleil, par C.-A. YOUNG, professeur d'astronomie au collège de New-Jersey. 1 vol. in-8, avec 87 figures.

PHYSIQUE

La Conservation de l'énergie, par BALFOUR-STEWART, professeur de physique au Collège Owens de Manchester (Angleterre), suivi d'une étude sur *la Nature de la force,* par P. DE SAINT-ROBERT (de Turin). 1 vol. avec figures.

Les Glaciers et les Transformations de l'eau, par J. TYNDALL, professeur de chimie à l'Institution royale de Londres, suivi d'une étude sur le même sujet par HELMHOLTZ, professeur à l'Université de Berlin. 1 vol., avec nombreuses figures dans le texte et 8 planches tirées à part sur papier teinté.

La Photographie et la Chimie de la Lumière, par VOGEL, professeur à l'Académie polytechnique de Berlin. 1 vol., avec 95 figures dans le texte et une planche en photoglyptie.

La matière et la physique moderne, par STALLO; précédé d'une préface par C. FRIEDEL, de l'Institut.

THÉORIE DES BEAUX-ARTS

Le Son et la Musique, par P. BLASERNA, professeur à l'Université de Rome, suivi des *Causes physiologiques de l'harmonie musicale,* par H. HELMHOLTZ, professeur à l'Université de Berlin. 1 vol., avec 41 figures.

Principes scientifiques des Beaux-Arts, par E. BRUCKE, professeur à l'Université de Vienne, suivi de *l'Optique et les Arts,* par HELMHOLTZ, professeur à l'Université de Berlin. 1 vol., avec figures.

Théorie scientifique des Couleurs et leurs applications aux arts et à l'industrie, par O.-N. ROOD, professeur de physique à Colombia-College de New-York (États-Unis). 1 vol. avec 130 fig. dans le texte et une planche en couleurs.

Coulommiers — Typog. PAUL BRODARD et GALLOIS.

50. **Zaborowski**. L'origine du langage.
51. **H. Blerzy**. Les colonies anglaises.
52. **Albert Lévy**. Histoire de l'air (avec fig.).
53. **Geikie**. La géologie (avec fig.).
54. **Zaborowski**. Les migrations des animaux.
55. **F. Paulhan**. La physiologie de l'esprit.
56. **Zurcher et Margollé**. Les phénomènes célestes.
57. **Girard de Rialle**. Les peuples de l'Afrique et de l'Amérique.
58. **Jacques Bertillon**. La statistique humaine de la France (naissance, mariage, mort).
59. **Paul Gaffarel**. La défense nationale en 1792.
60. **Herbert Spencer**. De l'éducation.
61. **Jules Barni**. Napoléon Ier.
62. **Huxley**. Premières notions sur les sciences.
63. **P. Bondois**. L'Europe contemporaine (1789-1879).
64. **Grove**. Continents et océans.
65. **Jouan**. Les îles du Pacifique.
66. **Robinet**. La philosophie positive.
67. **Renard**. L'homme est-il libre?
68. **Zaborowski**. Les grands singes.
69. **Hatin**. Le journal.
70. **Girard de Rialle**. Les peuples de l'Asie et de l'Europe.
71. **Doneaud**. Histoire contemporaine de la Prusse.
72. **Dufour**. Petit dictionnaire des falsifications.
73. **Henneguy**. Histoire de l'Italie, depuis 1815.
74. **Leneveux**. Le travail manuel en France.
75. **Jouan**. La chasse et la pêche des animaux marins.
76. **Regnard**. Histoire contemporaine de l'Angleterre.
77. **Bouant**. Histoire de l'eau (avec fig.).
78. **Jourdy**. Le patriotisme à l'école.
79. **Mongredien**. Le libre échange en Angleterre.
80. **Creighton**. Histoire romaine.
81. **P. Bondois**. Histoire des mœurs et institutions de la France (depuis les origines jusqu'au XVIIe siècle).
82. **P. Bondois**. Histoire des mœurs et institutions de la France (depuis le XVIIe siècle jusqu'à la Révolution).
83. **Zaborowski**. Les mondes disparus (avec fig.).
84. **J. Reinach**. Léon Gambetta (avec fig.).
85. **H. Beauregard**. Zoologie générale (avec fig.).
86. **Wilkins**. L'antiquité romaine (avec fig.).
87. **Maigne**. Les mines de la France et de ses colonies.
88. **Broquère**. La médecine des accidents.
89. **Amigues**. A travers le ciel.

BIBLIOTHÈQUE UTILE (format in-12).

Pour livres de prix et de récompense.

Broché	1 fr. »
Cartonnage papier	1 fr. 10
Cartonnage toile	1 fr. 50

Blerzy (H.) Torrents, fleuves et canaux de la France.

Blerzy (H.). Les colonies anglaises.

Bondois (P.). L'Europe contemporaine depuis 1792 jusqu'à nos jours.

Barni (Jules). Napoléon Ier

Despois. Révolution d'Angleterre.

Gaffarel. La défense nationale en 1792.

Geikie. La géologie (avec figures dans le texte).

Geikie. La géographie physique (avec figures dans le texte).

Huxley (Th). Premières notions sur les sciences.

Zaborowski. Les migrations des animaux et le pigeon voyageur.

Zevort (Edgar). Histoire de Louis-Philippe.

Zurcher et Margollé. Les phénomènes célestes.

Jourdy. Le patriotisme à l'école.

BIBLIOTHÈQUE UTILE

I

HISTOIRE DE FRANCE

Buchez. Mérovingiens.
Buchez. Carlovingiens.
J. Bastide. Luttes relig. des premiers siècles.
J. Bastide. La Réforme.
F. Morin. La France au moyen âge.
Fréd. Lock Jeanne d'Arc.
Eug. Pelletan. Décadence de la mon. française.
Carnot. La Révolution française 2 vol.
F. Lock. La Restauration
E. Zevort. Louis-Philippe.
Alf. Doneaud. La marine française.
P. Gaffarel. La défense nationale en 1792.
Jules Barni. Napoléon Ier.
P. Bondois. Mœurs et institutions de la France.
J. Reinach. L. Gambetta.

II.

PAYS ÉTRANGERS.

E. Raymond. L'Espagne.
L. Collas. L'empire ottoman.
L. Combes. La Grèce.
A. Ott. L'Asie et l'Egypte.
A. Ott. L'Inde et la Chine.
Ch. Rolland. L'Autriche.
Eug. Despois. Les révolutions d'Angleterre.
H. Blerzy. Les colonies anglaises.
P. Bondois. L'Europe contemporaine.
Alf. Doneaud. Histoire contemporaine de la Prusse.
Henneguy. Histoire contemporaine de l'Italie.
Regnard. Histoire contemporaine de l'Angleterre.
Creighton. Histoire rom.
Wilkins. L'antiquité romaine.

III.

DROIT.

Morin. La loi civile.
G. Jourdan. La justice criminelle.

IV.

PHILOSOPHIE.

Enfantin. La vie éternelle.
Eug. Noël. Voltaire et Rousseau.
Léon Brothier. Histoire de la philosophie.
Victor Meunier. La philosophie zoologique.
Zaborowski. L'origine du langage.
F. Paulhan. La physiologie de l'esprit.
Renard. L'homme est-il libre ?
Robinet. La philosophie positive.

V.

SCIENCES.

Benj. Gastineau. Le génie de la science.
Zurcher et Margollé. Télescope et microscope.
Zurcher et Margollé. Les phénomènes célestes.
Zurcher. Les phénomènes de l'atmosphère.
Morand. Introduction à l'étude des sciences.
Cruveilhier. Hygiène.
Brothier. La mécanique.
Brothier. Hist. de la terre.
Sanson. La chimie.
Turck. Médec. populaire.
Catalan. Astronomie.
E. Margollé. Les phénomènes de la mer.
Ch. Richard. Origines et fins des mondes.
H. Blerzy. Torrents, fleuves et canaux.
P. Secchi, Wolf et Briot. Le soleil et les étoiles.
Em. Ferrière. Le darwinisme.
Boillot. La pluralité des mondes.
A. Lévy. Hist. de l'air.
Bouant. Histoire de l'eau.
Geikie. Géographie physique.
Geikie. Géologie.
Zaborowski. L'homme préhistorique.
Zaborowski. Migrations des animaux.
Zaborowski. Les grands singes.
Girard de Rialle. Peuples de l'Afrique et de l'Amérique.
Girard de Rialle. Les peuples de l'Asie et de l'Europe.
Huxley. Premières notions sur les sciences.
Grove. Continents et Océans.
Jouan. Les îles du Pacifique.
Jouan. La chasse et la pêche des animaux marins.
Dufour. Dictionnaire des falsifications.
Zaborowski. Les mondes disparus.
H. Beauregard. Zoologie générale.
Maigne. Les mines de la France et de ses colonies.
Broquère. La médecine des accidents.
Amigues. A travers le ciel.

VI.

ENSEIGNEMENT. — ÉCONOMIE POLITIQUE. — ARTS.

Corbon. L'enseignement professionnel.
Cristal. Les délassements du travail.
Leneveux. Le budget du foyer.
Leneveux. Paris municipal.
Leneveux. Le travail manuel en France.
Laurent Pichat. L'art et les artistes.
Stanley Jevons. L'économie politique.
J. Bertillon. La statistique humaine.
Herbert Spencer. De l'éducation.
Hatin. Le journal.
Jourdy. Le patriotisme à l'école.
Hongredien Libre échange en Angleterre.

Coulommiers. — Imp. P. Brodard et Gallois.

www.ingramcontent.com/pod-product-compliance
Ingram Content Group UK Ltd.
Pitfield, Milton Keynes, MK11 3LW, UK
UKHW022018170726
13837UKWH00001B/261

9 782329 468822